U0061683

電競

從遊戲 ⋯⋯ 到體育

簡史

戴焱淼 著

目 錄

推薦序

　　電子體育是科技與體育的創新結合體，已經成為全球青年交流的全新舞台。而電子競技是目前電子體育中最受關注的組成部分，其宣導"個人拚搏，團隊合作，全力爭勝"的精神，這些都與傳統體育一脈相承。

　　在 2018 年，經過亞奧理事會的認可，亞洲電子體育聯合會的直接推動與主導，電子競技歷史性地成為雅加達亞運會正式表演項目。與此同時，全球奧林匹克運動體系也更加嚴肅且迫切地討論起電子競技的身份與傳統體育的關係，所以，電子體育的健康發展也需要秉持奧林匹克精神。這是它的立身之本。

　　我和亞洲電子體育聯合會（簡稱 AESF）的同事們有著共同的願景，那就是幫助亞太地區所有國家和地區發展電子體育，從亞洲這個最具吸引力的市場發起，對世界的電子體育發展貢獻我們亞洲的力量和智慧，共同建立健康的電子體育生態環境，與更多國際體育組織、科技和電競行業機構進行合作共贏。

　　我們為了這個目標經歷了很多困難，未來也會面臨更多挑戰。

其中，加強對電子體育的基礎研究，在更廣泛的社會公眾層面達成共識，是非常緊迫的工作。我欣喜地看到，高等教育和學術研究力量逐漸加入進來，並形成了優秀的成果，戴焱淼教授的《電競簡史》就是其中的代表性著作。

這是第一本系統研究電子競技的中文學術專著，今年 5 月在上海首發以來，受到了行業內外的廣泛關注。香港三聯書店第一時間引進繁體中文版，以便將其推廣到港澳台地區和海外華人面前。

多年來的發展，電子體育已成為華人青年在全球文化體系中的拿手好戲，形成了良好的體育交流效果，正如戴教授在書中所說："電子競技可以成為有效的跨文化溝通工具。"

通過本書，讀者能夠深入了解電子競技的發展歷史及其本質特點，有助於從更宏觀的層面、以更立體的視角去考察電子競技乃至電子體育。書中也有很多對當下電子競技現狀與趨勢的批判性反思，比如電子競技的內涵與外延、身體與機器的關係等，發人深省。

亞洲電子體育聯合會及我本人都非常關注電子體育的研究與教育，今後將與高等院校、學術機構進一步加深合作，共同推動電子體育在亞洲乃至全球的綠色可持續發展。當我們思考得更深，前行的腳步就會更有力。

亞洲電子體育聯合會主席

霍啟剛

2019 年 6 月

一

2018 年 9 月，上海舉辦了一場電競論壇，一位聽眾在休息間隙找到我，說自己"想參與電競產業，卻不知從何下手"。這個有點天真也很直白的問題，讓我一時接不上話。

接著，她又補了一句："還想研究一下電子競技，但是連本參考書都找不到，門都入不了。"

論壇熱熱鬧鬧結束，嘉賓們在寒暄後匆匆離去，我也沒法找到這位聽眾多講一句：幾個月後會有一本書出來，即便還是入不了"門"，至少能開一扇"小窗"。

那次未盡的對話，可以看作電子競技在更廣泛社會層面的認知現狀縮影。這扇"小窗"，也是本書的初衷。

離開報社進入高校後，我著手研究電子競技這個學術界的邊緣課題（卻也是業界的風口）。兩年多下來，我發現，與學術論文或者專業教材相比，大眾讀物更顯緊缺。太多人不懂它，但是越來越多的目光投向它。也許是記者習慣尚未褪去、學者思維還在塑造，比起科研，解答公眾疑問反而成了我更願意花力氣的重點。於是一個急轉彎，我將正在進行中的論文和教材內容重新調整，做成了現在的樣子。

看待電子競技，無外乎三種態度：支持（參與），反對（批評），中立（無感）。對於這個眾聲喧嘩的矛盾集中點，三類人群的認識難免各有缺漏。在調查、研究和寫作中，我輪換著三種角色，幾近分裂，再也無法成為一個單純視角的持有者。本書就是"裂變"的成果，也許能為各方提供相對全面的觀察視角。

二

這是一本真的"簡史"，核心內容的時間跨度不過 20 年。

這也是一本必須"簡"寫的史，我試著完成一項基礎工作：描摹電子競技的概貌，在一直以來不是很清晰的前傳和現狀之間建立某種連接。

曾經的記者工作和現在的學術視角，都發揮了作用。從記者角度來看，這是一個騰空而起、廣受熱評的社會議題，關係到很多人，也會對未來產生影響；從學術角度來看，對一個新事物的源流分析，決定了基本觀點和基礎理論。

電子競技的源頭，可以看作是流傳萬年的"人的遊戲"，也能具體到 20 世紀中期電子遊戲的雛形，還可以對應到 20 世紀末網絡對戰平台的興起。21 世紀初各地職業戰隊、賽事出現，將其視為電子競技的真正起源，似乎也說得過去。眾說紛紜，電子競技最大的特點即"尚無定論"。

這種"尚無定論"不僅體現在溯源上，也映射在現實中。電子競技很長時間都不是社會主流話題，偶爾成為焦點也帶來各式態度的交鋒。比如 2018 年亞運會電競表演賽，中國團隊摘金奪銀，"為國爭光"，質疑聲卻不絕於耳。最集中的討論始終是"遊戲和體育之爭"，吵來吵去，沒有盡頭。

本書也無意成為"定論"，只想提供新的參考。

研究電子競技是一門苦差。儘管相關的文章、傳說已成汪洋大海，但是已有文獻、話語體系與學界長期以來遵循的嚴肅討論、正規書寫慣例，完全不在一個頻道上。有人說，那就拋開慣例。"我們不在乎慣例"——這是電子競技血液中的叛逆因子，叢林法則、英雄主義等價值觀深深地刻在其內核之中。無論是紛繁複雜、各立門戶的賽事體系，還是一擁而上、百花齊放的產業生態，大到國際組織和世界大賽，小到遊戲 ID 和常用術語，電子競技的大部分內容很難被安置於傳統的研究框架之內。就以電子競技中的專業名詞來看，各種字符組合就像來自另一個世界，足以讓外行人頭暈眼花。很多文章也是即興所作，要麼充滿溢美之詞，要麼無據可考。換個角度，這也是電子競技的精彩之處：拋開慣例，一切都是新的。

"拋開慣例"是電子競技一路狂奔的血氣所在，也是研究與討論的命門所在，更是社會認同"拉鋸戰"的根源所在。儘管覆蓋人群越來越廣，產業規模越來越大，電子競技卻徘徊在特定領地之中。這是合理的徘徊，也是應該繼續保持的徘徊。這種 "畫地為牢" 反而是電子競技賴以生存的基礎。

電子競技始終在一批年輕人中發光發熱。從公開資料來看，有一個數據幾無爭議：40 歲以上的電子競技參與者只佔整體人群的 1% [1] 到 3.3% [2]。換言之，電子競技是一個年齡層的部分人的階段性選擇。想明白這一點，產業參與者就能有一個良性的基本心態。本書的一些章節會在事實基礎上作出相關分析。

流行於特定人群之中的電子競技，不會因此而顯得 "不重要"，反而更加特殊，因為它正在成為很大一部分青少年的文化空間和生活方式。即便將 40 歲作為分水嶺，一個人逐漸遠離電子競技的領域，但是無法抹去電子競技給自己留下的各種印記。

騎在行動派和反對派之間的無形高牆之上，本書考察電子競技一路成形的環節、狀態和理由，逐步勾勒其面目。"騎牆" 一般都是被批判的，但也不能否認："牆" 上更方便看到左右兩邊隔牆互斥的全景。由此而生的觀點，無論是給牆外的反對者，還是給牆內的行動者，都能多一個相對超脫的參照。

三

本書研究範圍涉及電子競技發展的三個主要階段：20 世紀中後期、世紀之交、2010 年代。當然，免不了穿插一些理論的初步探討。

1　來自企鵝智酷、騰訊電競《2017 年中國電競發展報告》。
2　來自艾瑞諮詢《2018 年中國電競行業研究報告》。

從電子競技並不長的發展歷程來看，編年體很難形成。在這個派系林立、暗流湧動的江湖中，專寫人物、堆砌事件也很難服眾。最後就成了現在的模樣：夾敘夾議，觀點和議論散佈在各種事實組成的歷史圖譜之中。離最初預設的結構和樣式相去甚遠，但似乎也成了一個不錯的新選項，電子競技的世界總會讓你不由自主地"拋開慣例"。

有幾點需要特別說明。

首先，由於文獻的緊缺，尤其是嚴肅文獻的稀少，造成了資料分析的困難，無論是遊戲從業者還是電子競技參與者，寫作習慣千姿百態，一部分還帶著強烈的情緒傾向，語法隨心所欲，信源難以確認。為了儘量還原史實，我通過實地調研和訪談、官方渠道溝通等方式，盡最大能力使內容接近實際情況。

其次，網絡資料幾經轉載、改寫，不少已面目全非，作者也不明確。一些文章生動有趣、情感豐沛，給了我很好的參考，也為電子競技留存了頗具規模的民間記憶。本書在引用時儘可能標明了出處，難免有一部分錯誤和遺漏，如有可能，請作者與我聯繫，進一步溝通文獻細節和署名事宜。在此，向為電子競技發展留下任何一種文獻資料的個人和機構致敬。

再者，電子競技的系統性基礎研究幾乎空白。從最開始的無知者無畏，到深入之後的糾結感，都能從書中找到痕跡。無知，是踏入這片領地的初始狀態。一入手才發現，這是一個萬丈深淵。電子遊戲、體育賽事、文化產業、社會形象、媒介工具、輿論環境等因素糾纏在一起，社會學、體育學、心理學、傳播學等學科交叉成一片，難怪無人研究，著實無從下手。木心說，所謂萬丈深淵，下去也是前程萬里。當衝下這深淵之後發現，即便不能前程萬里，至少也有別樣天地。所以，本書在空白地帶開了個頭，動靜很小，努力很大，至少是電子競技發展到 2019 年而生成的充滿誠意的注腳。

電子競技的一大特點是高度商業化。從遊戲到賽事、從組織到個人，每一個環節都是商業力量的體現。一旦進入到商業領地，個中複雜的競爭關係、搖擺的角色立場、多元的輿論背景就很難把握。我選擇保持相對中立，以獨立研究者的態度去描繪電子競技從最初的原生狀態到目前的現實狀態這一發展過程，主要涉及遊戲類型、國家和地區、明星戰隊與選手、代表性賽事這些電子競技在現代體育框架內的基礎要件，去解剖這個商業主義、互聯網技術和全球化浪潮共同孕育的全新物種。

和大部分 70、80 後一樣，遊戲只是我成長中的回憶而已。無論是電競還是遊戲，當下的現實給它注入太多超出原始意義的催化劑，進化到讓人瞠目結舌的階段。這種瞠目結舌，也只有一路隨著遊戲成長起來的一代人才能感受到。我並不精通於各種品類的遊戲，但也要保持 "電競簡史" 的相對全面，平衡之下就是各位看到的內容。

我無意也無力做成一部嚴絲合縫的史書或者類似辭典的工具書，所以沒有窮盡歷史事件、明星選手、戰隊和賽事。如果讀者和專家發現了遺漏或錯誤，我們可以一起討論是否有必要增補或修訂。

要向學術界的同仁說明，本書算不上實證研究，也少有定量分析，不足之處比比皆是，理論探討也淺嚐輒止，只能用 "萬事開頭難" 來搪塞了。但對於歷史資料的梳理、發展源流的辨析，一定是盡力的。請各位不吝指教，也希望更多力量加入電子競技研究行列。

感謝我的母校也是我職業生涯的第二起跑點：上海體育學院，各級領導和老師對這門全新研究的大力支持，才有本書誕生的可能。感謝我職業生涯的原點：文匯報社，給了我受用一生的媒體人素養。感謝編輯團隊和上海競跡的策劃團隊，大家出色而專業的工作讓本書順利面世。還要感謝媒體圈、電競圈、學術圈的各位新朋老友，以及我的家人。

每位為本書付出的人，都有一個共同目標：讓各類人群多懂一點電子競技，大家各取所需。對待它，既不能狂熱追捧，也不能置之不理，更不能群起攻之，因為這是我們前行道路上無法迴避的難題之一。

難題，一般都是精彩的。

戴焱淼

2019 年早春於上海體育學院

第 1 部分

是體育，還是遊戲？

電子競技是體育，

還是遊戲？

它為什麼如此受歡迎？

以及，

它為什麼又飽受爭議？

它曾經有多麼不受歡迎，現在就有多麼受歡迎。顯然，電子競技支持者持續了十幾年的"自衛反擊戰"，開始佔據上風，反對者逐漸找不到節奏。這是電子競技在中國社會的特殊境遇。

　　放眼全球，從東亞到東南亞、從歐洲到北美、從南美到大洋洲，電子競技以現代體育的方式運行著，尤其是日漸成熟的賽事與足球、籃球、賽車等職業體育趨於一致。

　　電競從業者也在不斷進行體育化改造：建立職業隊伍、塑造商業品牌、售賣賽事門票、開發周邊產品，以此形成產業化鏈條。這種趨勢，並不會因為電子競技"被體育接受或拒絕"、"能否進入奧運會"而發生根本性轉折。

　　不同年齡、不同文化、不同身份和不同經歷的人，會對電子競技持不同態度。

　　在中國，體育界保守派中的很多人，嫌棄或者懷疑電子競技，總是態度鮮明地劃清界限；受網癮問題之擾的一部分人，對遊戲、網吧深惡痛絕，恨不得將其消滅。這些態度的反面，卻是電子競技呈現出的鋼鐵一般的現實：產業規模擴張，覆蓋人群增加，介入生活更多，距離“體育”更近。

　　與其讓電子競技自成一體、橫衝直撞，或者對其高聲討伐、避而遠之，都不如將其納入相對成熟的現代體育框架。當前更值得討論的是，電子競技和現代體育的關係以及如何運用“豐富且成功的體育經驗”去優化電子競技，提升其在社會、經濟、文化等領域的正面價值。

　　不應置之不顧、放任自流；也不應一擁而上、集體狂歡。

第一章

新物種
入侵

》》

　　在 20 世紀初的中國，人們對進照相館拍照總有擔憂，"半身像是大抵避忌的，因為像腰斬"（魯迅語）。在 20 世紀中葉的美國，人們想用電視來提高文化修養，卻被批評家們嘲笑，"無聊的東西在我們眼裏充滿了意義"（尼爾·波茲曼語）。

　　為何在討論電子競技的開端卻談攝影和電視？從根本上看，它們有著一致之處：一種新的技術手段和文化工具，對生活形成前所未有的衝擊，存在著觀看、接受、反饋等要素。

　　把視線轉到體育，也能發現類似的情況。在 19 世紀 80 年代，現代足球（英式足球）在英國流行開來，漸漸超越了橄欖球，實現了職業化。

　　然而，就在不遠處的德國，對來自英倫三島的"時髦運動"並不完全歡迎，反對者覺得這是一項粗野的運動。斯圖加特的體操教師卡爾·普朗克（Karl Planck）寫的一篇題為《粗野的腳踢球》的文章流傳甚廣，那已經是 1898 年，他在文中稱足球為"英國病"。要知道，世界上最早的謝菲爾德足球俱樂部早已於 1857 年成立，1895 年英國足協已經開始推行職業化。

　　無論是攝影、電視還是足球，這些新物種在推廣之初，都要經受迥異的眼光和複雜的爭論，然後再從少數人群擴展到幾乎全世界。

　　電子競技還有著更多不同：它以電子遊戲的形式存在多年，本身早已存在於世界的大小城市甚至鄉村，如今卻悄然變身，以一個全新概念示人。

　　在反對者看來，從電子遊戲到電子競技，是換湯不換藥，甚至連湯都沒有換；在支持者看來，電子競技是現代體育、朝陽產業，是生活的新內容、發展的新動力、未來的新方向。

　　我們的討論，就從這些爭論開始。

如何成為 "體育"

2003 年 11 月 18 日，國家體育總局在人民大會堂舉行中國數字體育平台開通儀式。在這個儀式上，官方宣佈將電子競技運動列為第 99 個正式體育競賽項目。

　　這似乎是官方活動的常見手法：將電子競技作為與數字體育語義最接近的新形式，在儀式中起印證、烘托、配合、呼應作用。

1　〔德〕沃爾夫岡·貝林格（Wolfgang Behringer）：《運動通史：從古希臘羅馬到 21 世紀》，丁娜譯，北京大學出版社 2015 年版，第 338 頁。

電子競技從骨子裏就不甘當配角。它有著天生的明星氣質，自帶超級流量，就像一群野馬闖進水草豐茂的"皇家草場"，改頭換面進入舞台中心。

此後，電子競技又經歷了兩輪重要的官方表態。

2008 年，國家體育總局將電子競技運動改列為第 78 個正式體育競賽項目。

2016 年，最近一輪關於電子競技的官方表態，為有史以來力度最大，產生的影響也更為深遠：

4 月 15 日，國家發改委發佈《關於印發促進消費帶動轉型升級行動方案的通知》，指出："在做好知識產權保護和對青少年引導的前提下，以企業為主體，舉辦全國性或國際性電子競技遊戲遊藝賽事活動"；

7 月 13 日，國家體育總局發佈《體育產業發展"十三五"規劃》，指出："以冰雪、山地戶外、水上、汽摩、航空、電競等運動項目為重點，引導具有消費引領性的健身休閒項目發展"；

9 月 6 日，教育部公佈《普通高等學校高等職業教育（專科）專業目錄》，增補 13 個專業，其中包括"電子競技運動與管理"；

9 月下旬，文化部發佈《關於推動文化娛樂行業轉型升級的意見》，指出："支持打造區域性、全國性乃至國際性遊戲遊藝競技賽事，帶動行業發展"；

10 月 14 日，國務院總理李克強主持召開國務院常務會議，會議指出"要出台加快發展健身休閒產業指導意見，因地制宜發展冰雪、山地、水上、汽摩、航空等戶外運動和電子競技等"。

2003 年 11 月 18 日，中華全國體育總會、中國奧委會和中信泰富有限公司
聯合組建中國數字體育互動平台，啟動儀式在北京人民大會堂舉行

　　亞洲體育界推動電子競技的角色實現了急劇進化，使其在傳統體
育陣營中的地位加速提升。2018 年 8 月，第 18 屆雅加達—巨港亞運
會，電子競技首次作為表演項目出現在地區性大型綜合運動會的比賽
場上。在此之前更早，亞奧理事會（Olympic Council of Asia）和阿里
體育於 2017 年 4 月 17 日聯合發佈，到 2022 年杭州亞運會，電子競技
將成為正式比賽項目。[1]不過，這個設計還需進行討論和投票等多輪既
定程序，尚不屬於最終定論。

　　在奧運會的體系中，電子競技也一直受到審視和討論。2017 年
10 月 28 日，在瑞士洛桑舉行的國際奧委會（International Olympic

1　資料引自新華社相關報道。

　　　　　　　　　　　　　　　　　　　　　　　　　　　電競簡史

Committee）第六屆峰會上，代表們對電子競技的快速發展進行了討論，最終同意 "將其視為一項運動"。[1] 2018 年 7 月 21 日，國際奧委會和國際單項體育聯合會（Global Association of International Sports Federations）宣佈建立一個電子競技聯絡小組（Esports Liaison Group），進一步溝通有關電子競技發展的問題。[2]

這些體育化的試探和進展，是電子競技內部和外部多方力量的共同選擇，也體現了傳統體育陣營中改革派的持續努力。各種因素的匯聚，使電子競技自覺又不自覺地成為現代體育領地的 "新物種"。

不過，新物種的生存環境有點惡劣。2018 年 9 月，在亞運會閉幕媒體會上，國際奧委會主席托馬斯·巴赫（Thomas Bach）明確表示，電了競技與奧林匹克價值觀不符，他認為 "不能在奧運會項目中加入一個提倡暴力和歧視的比賽，即所謂的殺人遊戲。每一項奧林匹克運動都起源於真正的人與人之間的對抗，體育是文明的表達方式。如果出現了 '殺人行為'，就不符合奧林匹克價值觀"。[3] 作為一名曾經的擊劍運動員，巴赫的表態也受到不同程度的反擊。部分觀點認為，遊戲中的虛擬暴力反而比拳擊、擊劍、摔跤等更 "文明"。

2018 年 10 月 6 日，在阿根廷布宜諾斯艾利斯，與青年奧林匹克運動會同時舉辦的 "奧林匹克主義進行時" 論壇，也討論到電子競技，代表們認為電子競技將挑戰傳統體育的 "身體支柱意義"（anchor of physicality），但也認為未來體育的觀看和體驗方式會是 "數字化和

1　英國廣播公司官網：http://www.bbc.com/sport/olympics/41790148。
2　國際奧委會官網：https://www.olympic.org/news/olympic-movement-esports-and-gaming-communities-meet-at-the-esports-forum。
3　法國《世界報》網站，2018 年 9 月 5 日。

流暢感"（digital and seamless）。奧委會的專家態度明顯存在著糾結與衝突。

　　無論任何一個個人或一個機構對待電子競技的態度如何，也無論電子競技與亞運會、奧運會的關係如何，它已經在現實中以"體育"的形式存在。

　　用更廣的視角來看，電子競技是計算機技術、互聯網文化、視聽藝術、競技活動和大眾娛樂等多種形式與內容交叉組合的綜合體。現代體育的面貌不斷變化、形態日益豐富，其中一項主要功能卻始終不變：以競技表演的方式娛樂大眾，並且形成產業。由此可見，兩者並不存在本質上的衝突。

持久的爭論

　　在現代生活中，電子遊戲（Video Games）是日常娛樂的一部分。長期以來，國際社會更多地使用 "Cyber Games"，"Competitive Games"，"Cyberathlete" 來表述 "電子競技"。2015 年，辭典網站 Dictionary.com 正式收錄 "esports"（電子競技）的專有名詞，將 "esports" 定義為 "competitive tournaments of video games"，中文的意

1　國際奧委會官網：https://www.olympic.org/news/looking-to-the-future-of-sport-and-the-games。

2018 年 7 月 18 日，國際奧林匹克委員會（IOC）舉辦的電子競技論壇現場。IOC 官方表示，論壇意在建立共同理解，為電子競技、遊戲業和奧林匹克運動之間的合作搭建平台。與會者包括來自電子競技和遊戲產業的 150 多名代表，有電競選手、廠商、俱樂部、媒體、贊助商和活動組織者。國際奧委會、國際體育聯合會、運動員、合作夥伴、廣播公司等代表也出席了會議

思是"可視化競技比賽"。[1] 2017 年，美聯社確定了 "Esports" 的拼寫方式。[2] 至此，這個名詞在英語世界才算基本定型。從這一系列演變中不難發現，遊戲比賽和電子競技，在西方社會語境中並不存在鮮明的衝突。

中國的情況則複雜得多，多年來人們看待電子競技的觀點明顯對立，矛盾相對激烈。爭論是一種平衡。電子競技的特殊性決定了它會一直立身於爭論之中，反而有利於它的發展。

2018 年 8 月，在第 18 屆亞運會電子競技表演賽上，首次亮相亞

1　楊越：《新時代電子競技和電子競技產業研究》，《體育科學》2018 年第 4 期。
2　宗爭：《電子競技的名與實 —— 電子競技與體育關係的比較研究》，《成都體育學院學報》2018 年第 4 期。

運的電子競技中國團隊參加《英雄聯盟》、《王者榮耀》(國際版)、《皇室戰爭》3 個項目，獲得 2 金 1 銀的成績，引發國內輿論熱潮。在社交網絡上，公眾態度激烈交鋒，年輕一代的電競粉絲以褒揚為主，另一部分人則始終對電子競技保持質疑。

8 月 29 日，中共中央機關報《人民日報》的微信公眾號推送了《恭喜！亞運會〈英雄聯盟〉決賽，中國隊奪冠》一文，閱讀量在 30 分鐘內即突破 "10 萬 +"，5 天後的點讚數穩定在超 29,000 的量級。這是主流媒體對電子競技中國團隊直接認可中傳播力度最大的一個案例。與之對應的是，作為亞運會轉播方的中央廣播電視總台及其新媒體平台，出於政策和內部多種原因沒有轉播報道電子競技表演賽。

在《人民日報》微信公眾號這一條推送的評論區，有 45 條網友評論被公佈，其中持完全反對意見的為 5 人，走中間路線的為 8 人，持完全贊成態度的為 32 人。眾多疑問中最為顯著的是：作為遊戲的電競，還是作為體育的電競？

在雅加達—巨港亞運會舉行前，2018 年 8 月 "東方體育大講堂" 發佈《2018 年上海青年電競調查結果》，超過 90% 的上海青年認為電競和遊戲有區別。與此同時，電競的體育屬性也在愛好者中逐漸被接受，超過 70% 的電競愛好者認為電競是一項體育運動。在非電競愛好者的人群中，63.1% 的人認為電子競技並非體育運動。

以上兩組數據僅僅是案例，並不能代表電子競技在中國社會存在爭論的全貌。單單看《人民日報》微信評論僅 10% 左右的反對率，與 "東方體育大講堂" 的反對率大相徑庭。這麼看來，這些數據似乎說明不了問題。

不可否認的是，電子競技在青少年群體中得到了廣泛而積極的回應。2018 年 11 月 3 日，來自中國的 IG 俱樂部獲得世界頂級電競賽事《英雄聯盟》全球總決賽（S8）冠軍，這是中國戰隊第一次捧得"召喚師獎盃"，在業內具有極大意義。在單一直播平台，此次比賽在線觀看人數峰值超過 1 億。[1]（此數據的真實性受到質疑，該平台的公開數據顯示月活躍用戶不過百萬級別。列在此處，僅供參考。）奪冠後，IG 迅速成為佔領微博熱搜和朋友圈刷屏的核心話題，社交網絡上的人群很快被分為兩類，一類為 IG 歡呼，另一類則是滿臉問號："IG 是誰？埃及怎麼了？"

數據顯示，中國電子競技用戶規模已超過 2.6 億。[2]雖然這一數據的統計邏輯有待討論，也許已經涵蓋那些淺層玩家、試探者、欠活躍用戶，但是這一龐大人群顯然不會在意那些關於電子競技的爭論。

電子遊戲也好、電子競技也罷，這一屏幕遊戲與虛擬對抗相結合的活動已經成為眾人的日常生活內容，很多時候還承載著更深層次的文化意義。

在國內學術界（主要集中在體育學領域），對電子競技也有不少討論，從本世紀頭十年到現在持續不止，並且隨著輿論熱度而起伏，分別有 2003 年至 2004 年、2008 年至 2009 年、2016 年至今三次小高峰，均由官方對電子競技的認可態度升級所引發。

在國內對電子競技的學術研究中，相對較早發佈的觀點普遍帶有傾向性，著力證明"電子競技不是網絡遊戲而是體育運動"這一觀點的

1　熊貓直播實時顯示。

2　艾瑞諮詢研究報告：http://www.iresearch.com.cn/Detail/report?id=3147&isfree=0。

合理性，或者重點闡釋電子競技的產業價值，代表性觀點有：

由於長期以來形成的認知誤區，社會上一直將電子競技與
網絡遊戲混為一談，因不良網絡遊戲導致大量青少年成癮問題
的責任，被錯誤算在原本健康、益智並充分體現出現代體育精
神的電子競技頭上。

這種觀點頗具普遍性，果斷下了結論："將電子競技與網絡遊戲
混為一談"是"認知誤區"。研究者沒有探尋為什麼人們會長時間將
兩者"混為一談"，更沒有反問一句：難道兩者不是一體？更何況，
"健康、益智並充分體現出現代體育精神"此類描述本身就是爭論焦
點，不知何以成了結論。

讓電子競技真正實現全民化大眾化……電競產業仍需從
多角度做好完善，才能實現真正復興。伴隨電競熱升溫，電競
產業必會創造更大的財富。

後一種觀點則能夠看到一批研究者經常有意無意流露出的商業主
義傾向，"全民化大眾化"、"真正復興"、"升溫"、"更大的財富"
更多讓人看到企業式態度，而非理性的學術研究。

整體而言，國內學界大部分力量在過去十幾年間，都試圖為電子
競技"正名"，從各個角度論證它在體育語境中的身份與價值。

2018年，隨著學術界對電子競技研究的深入，出現了更多的反

思、批判，討論更加理性、客觀、全面、深入。比如：

　　諸多實踐，而非觀念上的討論，已經證明，電子競技在可以預見到的未來中，將會與體育產生更加強有力的聯繫。它已經也必須進入體育範疇，才能夠實現社會結構對其進行的規範化改造。……電子競技的意義闡釋，與其業態發展之間，存在著巨大的不相稱的差距，這種差距的彌合，不可能也不應當依靠行業的自身發展，更需要學術研究為其注入新鮮血液和動力，形成規範的學術研究與業態發展之間的有機良性互動。[1]

　　電子競技遊戲脫胎於網絡遊戲，而且其受眾面更廣、對青少年的吸引力更強，也因此不可避免地影響著青少年。這種負面影響可以分為兩個層面：第一種負面影響來自電子競技的母體 —— 網絡遊戲對青少年的不利影響，第二種負面影響是電子競技產業發展中出現的不利於青少年健康成長的問題。所有這些問題的核心是青少年問題。……我們在肯定電子競技具備高強度運動特徵，有利於局部身體素質提高的同時，也必須承認電子競技也有著很大的技術障礙，過度遊戲肯定不利於青少年身心的健康發展。……在科技進步和應用速度遠遠超出以往任何歷史階段的當今社會，對電子競技這樣一種依託科技並已經被廣大青年人群普遍接受的體育現象，應該給予更多的關注

1　宗爭：《電子競技的名與實 —— 電子競技與體育關係的比較研究》，《成都體育學院學報》2018年第 4 期。

2018 年 8 月 29 日，中國團隊獲得第 18 屆雅加達—巨港亞運會電子競技表演賽《英雄聯盟》項目冠軍

和探討，而不是一味地指責。[1]

這些僅僅是少量摘取的文獻顯示，在國內最新的一批體育學術研究中，對電子競技的態度更加理性，由認識淺顯到研究深入，由觀點單一到視角多元，由合作性的論證到批判性的建構，這些進步都值得稱讚。

1　楊越：《新時代電子競技和電子競技產業研究》，《體育科學》2018 年第 4 期。

解剖"電子競技"

電子競技先是"遊戲",再是"體育"。也可以說,電子競技是遊戲轉向體育的一種路徑選擇,一種安置方式。

在中國體育學術界的討論中,對於"體育"這個大概念都未曾達成高度一致,關於電子競技的爭論似乎也是情理之中。國內的"體育"與西方的"體育"並不是完全相同的指向。

在我們通常的表述中,體育主要指競技體育、學校體育和群眾體育,偏向政治、經濟和教育的經驗總結。而西方體育觀中的奧林匹克思想、體育權利、人文精神、遊戲宗旨、生命樂趣、運動家風度等內涵,讓"我們感到費解和難以接受"[1]。

因此,我們討論電子競技從遊戲到體育的發展過程,更多是在相對全面的體育觀中開展,甚至試圖模糊文化傳統的邊界,更多地考察現實語境。畢竟,電子競技從誕生以來,始終浸泡在全球化的浪潮之中。

目前,關於電子競技的定義有幾種代表性說法:

> 電子競技運動是以信息技術為核心,軟硬件設備為器械,在信息技術營造的虛擬環境中,在統一的競賽規則下進行的對抗性益智電子遊戲運動。[2]

---

1 胡小明:《走出困境的體育美學》,《體育與科學》2004 年第 1 期。
2 曹勇:《電子競技與網絡遊戲的區別》,國家體育總局電子競技研究組,2004。

電子競技是體育活動的一部分，參與者通過使用信息和傳播技術發展和訓練其心智和身體能力。[1]

電子競技（Electronic Sports）是電子遊戲比賽達到〝競技運動〞層面的體育項目，是人與人之間以電子設備作為運動器械進行的對抗運動。電子競技可以鍛煉和提高參與者的思維能力、反應能力、心眼四肢協調能力和意志力，培養團隊精神。[2]

體育的一種形式，其關鍵部分受電子系統的操控；選手和戰隊輸入指令，電子競技系統輸出結果，兩者形成媒介化的人機交互狀態。[3]

從以上表述中，可以提煉出電子競技定義的基本要素：

電子遊戲為基礎

計算機設備為載體

人與人之間的對抗

在虛擬或虛構情境中進行

遵循統一規則

考驗智能反應、操作技巧、團隊協作

1　Wagner M. G. On the scientific relevance of eSports. In: Proceedings of the 2006 International Conference on Internet Computing & Conference on Computer Games Development（ICOMP）2006.
2　百度百科〝電子競技〞條目。
3　Hamaeri & SJ BLM M. What is eSports and why do people watch it? Internet Research. 2017, 27（2）.

簡單而言，電子競技藉助信息技術平台，將競技運動屏幕化、對抗過程電子化、數字娛樂賽事化，並在這個過程中實現娛樂功能、商業價值和文化意義。

在本書範圍內，更著重探討電子競技從遊戲到體育的歷史源流和階段特徵，並試圖論證一個觀點：以"網絡遊戲"為基礎的電子競技，必須以"實體賽事"為核心，才能夠以"現代體育"的姿態繼續前進。

遊戲的本質

在人類文化史的進程中，哲學家、思想家和各領域學者對"遊戲"都有研究，發表了不同觀點。了解遊戲的本質和電子遊戲的深層內涵，有助於以更開闊的視野觀察電子競技。

人類第一部講述遊戲的歷史書是希羅多德（Herodotus）的《歷史》（*Histories*），其中講到：

> 3000 年前的呂底亞人發明了一種補救辦法解決饑饉問題：先用一整天來玩遊戲，只是為了感覺不到對食物的渴求……接下來的一天，他們吃東西，克制玩遊戲，依靠這一做法，他們

一熬就是 18 年，其間發明了骰子、球類以及其他一些常見遊戲。**1**

對於遊戲這一活動的理解，古希臘哲人有不一樣的解釋。柏拉圖（Plato）認為，遊戲是一切幼子（動物的和人的）生活和能力跳躍需要而產生的有意識的模擬活動。亞里士多德（Aristotle）認為，遊戲是勞作後的休息和消遣，是本身不帶有任何目的性的一種行為活動。

比起古典理論，對"遊戲"本質更現代的闡述來自德國思想家弗里德里希·席勒（Schiller），他認為：

> 人類在生活中要受到精神與物質的雙重束縛，在這些束縛中就失去了理想和自由。於是人們利用剩餘的精神創造一個自由的世界，它就是遊戲。這種創造活動，產生於人類的本能。

席勒還認為，人具有三種衝動：感性衝動、形式衝動和遊戲衝動。感性衝動和形式衝動這兩種衝動在人的身上同時起作用，或者說兩者達到了統一時，便出現了一種新的衝動——遊戲衝動。遊戲的根本特徵在於自由，而人只有在審美活動中才是自由的。所以，審美與遊戲是相通的：

> 遊戲這個名詞通常說明凡是在主觀和客觀方面都是偶然而同時不受外在和內在壓迫的事物。

----

1 〔美〕簡·麥格尼格爾（Jane McGonigal）：《遊戲改變世界》，閭佳譯，北京聯合出版公司 2016 年版，第 5—6 頁。

美是一種在感性衝動和形式衝動之間展開其自身自由的潛
在的遊戲衝動。

　　在席勒的遊戲觀點基礎上，英國哲學家赫伯特‧斯賓塞（Herbert
Spencer）作了進一步發展，他認為：

　　人類在完成了維持和延續生命的主要任務之後，還有剩餘
的精力存在，這種剩餘的精力的發洩，就是遊戲。遊戲本身並
沒有功利目的，遊戲過程的本身就是遊戲的目的。

　　斯賓塞不僅是哲學家、思想家、社會學家，也是 19 世紀英國最
重要的教育學家。他主張的快樂教育，被稱為過去 100 年對歐美社會
影響最大的教育方法。在斯賓塞的理念中，遊戲是重要的教育手段，
認為遊戲和審美活動一樣，兩者的基本特徵都是無目的或無利害性。
他寫道：

　　我們稱為遊戲的那些活動，是由於這樣的一種特徵而和審
美活動聯繫起來的，那就是，它們都不以任何直接的方式來推
動有利於生命的過程。

　　這樣，審美活動可以看作是一種高級的遊戲。審美活動和遊戲
都為人類的機能提供消遣，給剩餘精力尋找出路。換句話說，**遊戲不
實用**。

與斯賓塞持相反觀點的則是德國哲學家卡爾．格羅斯（Karl Groos），他認為遊戲不是沒有目的的活動，遊戲並非與實際生活沒有關聯，是為了將來面臨生活的一種準備活動。此外，弗洛伊德（Sigmund Freud）認為，遊戲是被壓抑慾望的一種替代行為。後面這兩位的觀點，更加貼近人的心理需求和社會屬性。從這個層面上理解，**遊戲是科學、藝術等人類心理與行為方式共同作用的結果。**

在 20 世紀上半葉，荷蘭歷史學家約翰．赫伊津哈（Johan Huizinga）提出，遊戲是特殊的行為方式，是有用意的形式，是社會功能：

遊戲的幾個關鍵特點是：

1. 遊戲是自願行為，是真正自主的；

2. 遊戲不是平常生活或真實生活，遊戲走出了真實生活，暫時邁進一片完全由其支配的活動區域。每個參與者都心知肚明自己只是在假裝，或者是只是好玩而已；

3. 遊戲受封閉、受限制，這種限制包括時間和空間的限制；

4. 遊戲創造秩序，遊戲本身就是秩序，它把暫時的、受約束的完美帶進殘缺的世界和混亂的生活。[1]

加拿大哲學家、教育家馬歇爾．麥克盧漢（Marshall McLuhan）

---

1 〔荷〕約翰．赫伊津哈（Johan Huizinga）：《遊戲的人》，傳存良譯，北京大學出版社 2014 年版，第 8—11 頁。

電競簡史

在傳播學框架內剖析了遊戲的本質，他提出：

> 遊戲是大眾藝術，是集體和社會對任何一種文化的主要趨勢和運轉機制做的反應。
>
> 遊戲是對日常壓力的大眾反應的延伸，因而成為忠實反映文化的模式。它們把全民的行為和反應熔為一爐，使之成為一個動態的形象。
>
> 遊戲是我們心靈生活的戲劇性模式，給各種緊張情緒提供發泄的機會。

這些"遊戲說"多屬於哲學闡釋，是對人類思想和行為方式的高度凝練，尤其體現在遊戲、審美和藝術的關係之上。當然，由於時代差異，這些名家大師不可能對電子遊戲發表感想，先哲根本無法想象未來世界會有這樣一種遊戲方式，也不可能想到遊戲能成為如此龐然大物。

與上面談及的遊戲不同，電子遊戲在人與人之間加入了機器的**連接**，也可以看成是機器的**阻隔**。遊戲的根本模式產生了變化。積極地看，遊戲的變革體現了時代性；反過來說，遊戲不再只是人的遊戲，人已經被機器所**控制**。

如果要給遊戲貼上一個便於識別的標籤，更合適的解讀應該是：**遊戲的主要功能並不是教育，而是打發閒暇、消減壓力、調節身心。**一旦建立起這個基本觀點，我們就能更加心平氣和地討論電子遊戲乃至電子競技。

第二章

從遊戲到體育

《 《

電子競技的本源即遊戲，這與體育的本源是共通的。對英語術語 "sport"（體育運動）和中世紀英語詞 "disport"（玩耍）進行詞源學方面的考證，可以發現它們分別源自古法語 "desport" 或 "se desporter"。此法語詞又可上溯到拉丁語詞 "de（s）portera"，意思是"玩耍"。[1]

從詞源出發，便於介入電子遊戲、電子競技、體育三者之間的關係討論（為了行文方便，這裏將各類在屏幕上展開的主機遊戲和電腦遊戲，統稱為電子遊戲）。

總體而言，電子遊戲是電子競技的內核，現代體育是電子競技的現實面貌，電子競技是電子遊戲置入現代體育框架內的產物。電子競技的產生和發展，可以視為從遊戲到體育的轉變過程。

---

1 原文來自 Sport, in: Der Neue Pauly, Bd.11, p. 838，本段轉引自〔德〕沃爾夫岡‧貝林格（Wolfgang Behringer）：《運動通史：從古希臘羅馬到 21 世紀》，丁娜譯，北京大學出版社 2015 年版，第 3 頁。

三角關係

　　展開遊戲、電競、體育的三角關係分析之前，有必要先對電子遊戲做一個全景式掃描。這是電子競技歷史源流的起點，也是本書的立足點。

　　電子遊戲的成長路徑可以簡單分為三個階段。

　　第一階段是**主機時代**。首先是美國雅達利平台的《打磚塊》（Krakout）、《警察捉小偷》（Keystone Kapers）等操作簡單有趣的小遊戲，培養了第一代玩家；隨後的日本任天堂平台《勇者鬥惡龍》（Dragon Quest）、《最終幻想》（Final Fantasy）、《塞爾達傳說》（The Legend of Zelda）有了現代電子遊戲的基本特徵，至今還影響著角色扮演遊戲的設計：中古時期的劇情、隨機出現的敵人和各類迷宮。這個時代的經典作品還有《魂鬥羅》（Contra）、《超級馬里奧兄弟》（Super Mario Bros.）。

　　第二階段是 **PC 時代**。在個人電腦上運行的各種遊戲後來居上，超越主機成為主角。美國暴雪公司（Blizzard）的《星際爭霸》（Starcraft）和《魔獸爭霸》（Warcraft）開啟了即時策略遊戲的統治時代。同一時期，美國 id software 公司的《毀滅戰士》（Doom）和《雷神之錘》（Quake）開創了 3D 第一人稱射擊遊戲，隨後由美國維爾福公司（Valve）用《半條命》（HalfLife）和《反恐精英》（CounterStrike）將其發揚光大。以這幾款為代表的遊戲類型，成為電子競技的策源地。

第三階段是**網絡時代**。隨著互聯網進入社會生活，遊戲廠商在即時策略遊戲中加入聯網功能。就像電腦單機遊戲驅逐主機遊戲一樣，網絡遊戲成為統治遊戲界的新王者。互聯網不僅讓世界各地的玩家連接起來對戰，也給遊戲本身加入了更多的社交功能。遊戲變身為社會文化中新的生活方式，對人產生更深層次的影響。

目前，電子競技的主流項目一般都需要較強的團隊配合，具備明顯的競技性，主要有：

1. **即時策略遊戲及其衍生類型**，尤其是多人在線戰術競技遊戲，比如《星際爭霸 2》、《魔獸爭霸 3》、《刀塔》、《英雄聯盟》、《王者榮耀》；

2. **第一人稱視角射擊遊戲及其衍生類型**，比如《反恐精英：全球攻勢》、《使命召喚》、《守望先鋒》、《穿越火線》、《絕地求生：大逃殺》、《堡壘之夜》；

3. **主機遊戲和電腦遊戲版本兼具的體育遊戲**，比如 FIFA、《實況足球》、NBA 2K；

4. **集換式卡牌遊戲**，比如《爐石傳說》。

除此之外，格鬥類主機遊戲仍然佔據一席之地。

隨著技術進步，各類遊戲的雜交糅合，電腦端和手機端的多版本推出，讓電子遊戲呈現更多形式。電子競技的定義和陣容，也繼續被各種力量改寫、完善、壯大。

所以，**電子遊戲是電子競技的源頭，也是其根本屬性**。這一點不容迴避。

從遊戲到體育的演進過程中，有五條標準不容忽視：

自發娛樂性減少；

準備條件更複雜，更依賴社會組織；

規則更嚴格；

功利性更明顯；

更具有高級文化特徵。[1]

在這個基礎上，就可以繼續討論電子競技與現代體育（而不僅僅是 "體育"）的關係。

現代體育發源於英國，是體育發展到更高階段的表現形式。古典體育從宗教儀式發展而來，近代體育強調業餘主義，而現代體育從萌芽起就與資本主義並肩前行，其骨子裏就流淌著娛樂化、商業化、職業化的血液。

在 18 世紀的英國，賽馬、拳擊、板球三大項目從農村運動發生了根本性質變，"開始有了普遍適用的規則，並且能夠系統性、有規律地產生收入。簡而言之，這些運動成了商品，觀眾付費觀看、運動員收費參與、可以押下大額賭注。現代體育開始形成"。[2]

隨著社會經濟發展，現代體育逐漸成為全民廣泛參與的生活方式，人們不只是自己進行身體運動，而且有更多人坐下來觀看水平更

1　盧鎮元：《體育社會學》，高等教育出版社 2007 年版，第 94 頁。
2　〔英〕托尼・柯林斯（Tony Collins）：《體育簡史》，王雪莉譯，清華大學出版社 2017 年版，第 8 頁。

高的運動員開展身體對抗，成為體育觀眾。

由於人群的集中觀看，體育賽事和娛樂表演漸漸建立起更深層次連接，甚至互相容納、彼此依靠。人們在看台上將目光投向開展競技的核心區域，一種圍繞競技體育的**觀看方式**逐步形成。

即便發展到今天，電子競技大型賽事現場給觀眾的感覺，與其說是體育運動，不如說更像一場娛樂表演。那些一直反對電子競技體育化的人，其實可以退一步，將其視為存在於現代體育和娛樂表演交叉地帶的新品種。

目前，電子競技中的足球、籃球、賽車等項目，都是競技體育電子化和電子遊戲體育化的結合。全球電子競技的主流項目《刀塔》、《英雄聯盟》、《反恐精英：全球攻勢》等，則是在虛構化的網絡遊戲中引入職業賽事體系，不僅體現了競技性，更重要的是實現了現代體育的商業價值和娛樂功能。

在內容和形式上，電子競技體現了組織化、規則化、商業化、職業化、產業化，這是它作為現代體育的基本特點。

組織化。任何一項成熟的體育運動都具備完整的組織體系，這種體系一般是自上而下的縱向體系。以足球運動為例，國際足聯（FIFA）是其全球最高組織。在這個縱向體系中，各大洲配備了相應級別的組織，比如亞足聯；各國和地區也配備了相應級別的組織，比如中國足協。再往下就是更小的分支機構，層級嚴密。

電子競技尚不具備類似足球這種成熟體育項目如此完備的組織體系，各級、各地區的電子競技相關組織都在各自權力範圍和運轉邏輯之中發展，承擔著各自能夠實現的工作，尚未形成具有廣泛共識和明確分工的全球體系。

目前看來，這一體系的建立頗具難度，主要原因在於遊戲廠商的絕對控制權、遊戲的生存週期和資本利益的各種博弈。現有的電子競技組織名目繁多，在名稱上有代表性的有：

國際電子競技聯合會（International e-Sports Federation，IeSF），於2008 年 11 月 13 日在韓國首爾建立總部。

電子競技聯盟（Electronic Sports League，ESL），成立於 1997年，總部位於德國科隆，旗下有電子競技愛好者熟知的 IEM（Intel Extreme Masters）等賽事。

亞洲電子體育聯合會（Asian Electronic Sports Federation，AESF），總部設在香港，截至 2018 年有 18 個國家和地區成為其會員。

規則化。在電子競技和電子遊戲的討論中，人們都會強調規則的意義，這似乎是兩者之間最重要的差別。多數人忽視了一個基本現實：任何遊戲都有本身的規則，無論是小朋友丟手絹，還是網絡世界巔峰對決，都在所對應的 "遊戲規則" 中實現。

所以，將電子遊戲歸結為 "無規則、隨心所欲" 並不恰當。兩者相比，電子競技具備更嚴密、可複製、可推廣的賽事規則，這才是更重要的區別。

電子競技的規則包括遊戲內規則和遊戲外規則。遊戲內規則是任何一款遊戲本身具備的規則。比如，《實況足球》遵循著現實足球運動的規則；《反恐精英》中的對抗以槍戰為主而不是比試格鬥；《王者榮耀》分為 1 人對 1 人、3 人對 3 人、5 人對 5 人，而不是 11 人對11 人。

遊戲外規則是電子競技相對電子遊戲而獨有的特點，集中體現在賽事規則上。電子競技之所以進入現代體育領域，不僅在於它根本性的競爭對抗形式，更在於它可以通過高度規則化的職業賽事體系實現穩定運行，獲得市場反饋，實現自身發展。《英雄聯盟》和《刀塔》都有著完備的全球賽事體系，其全球總決賽截至 2018 年都已進行到第八屆。**按照有效規則持續運行的實體賽事，是電子遊戲發展為電子競技的主要支撐。**

商業化。對於現代體育而言，商業化是必由之路。無法商業化的體育運動，缺乏發展動力和廣闊前景，比如曾出現在奧運會上的打鴿子、熱氣球、拔河。電子競技的高度規則化，也是實現賽事商業化的基本保障。前文提到兩款主流遊戲的全球性賽事，實現了驚人的商業效果，這是電子遊戲發展為電子競技的經濟基礎。

2018 年 8 月在加拿大溫哥華舉行的《刀塔》國際邀請賽（Ti8），總獎金超過 2,487 萬美元，冠軍戰隊拿到了超過千萬美元的獎勵。對比更加成熟的美國職業籃球聯賽（NBA），其 2017—2018 賽季冠軍球隊獎金在 400 萬美元以內，總獎金則是 2,000 萬美元。值得注意的是，Ti 系列賽 2011 年才開始舉辦，NBA 歷史已超過 70 年。

職業化。賽事商業化的背後，是職業選手、職業戰隊、職業體系的廣闊天地。在巨大的商業價值推動下，世界各地建立了眾多電子競技職業俱樂部，數萬名職業電競選手以此為生。

據 Esports.com 公佈的 2016 年統計數據，當年全世界《反恐精英》遊戲的職業選手為 3,673 人，《英雄聯盟》1,192 人，《刀塔》690 人，《守望先鋒》671 人。

顯然，這個數字還在快速持續擴大之中。

職業化體育是一個複雜的體系，需要各種力量的配合、各類資源的配置。電子競技的職業化發端於歐美，由韓國發揚光大，近年來在中國迅速鋪開。總體來看，中國電子競技職業戰隊的生存環境、基礎條件、管理模式相對落後於歐美和韓國，這與電子競技產業剛剛起步有關，也與電子競技在國內的複雜社會形象有關。

產業化。 儘管電子競技的 "遊戲之爭" 從未消停，但是人們對待產業的歡迎態度基本一致。在經濟發展速度趨緩、不確定性增加的基本面之下，電子競技與互聯網產業、體育產業、文化娛樂產業甚至教育產業都能形成效應，並已初步形成完整明確的產業鏈條。在尋找經濟新動能的願景驅使下，政府機構、民間資本以各種方式進入電子競技產業。

更多人覺得，面對遊戲產業改頭換面成為電子競技產業，"可以不喜歡遊戲，但不應無視一個新興產業"，人們抱著這種試探、跟進的態度，認為電子競技的產業功能、經濟價值是必須重視並且值得投入的。

從各國情況來看，電子競技早已運行於產業化軌道之上，尤其是韓國、美國、歐洲等地，電子競技（Esports）、遊戲（Game）、電子娛樂（Electronic Entertainment）等概念之間並沒有十分明顯的現實障礙，娛樂和體育的社會角色也呈現深度融合，因此造就了電子競技產業的相對發達。但是，都沒有中國熱鬧。

聯網與進化

目前的電子競技，更多建立在電腦遊戲的一支 —— 具備較強競技性、能夠賽事化的網絡遊戲基礎之上，並非更多人所認可的“體育運動的電子遊戲化”，而是“網絡遊戲的體育賽事化”。以“電子”方式展開的“競技”，說到底就是一款又一款風靡世界的網絡遊戲。

哪怕國際奧委會在接納電子競技時提出“儘量考慮非暴力類的體育遊戲”，但現實給出的回應是：全世界大大小小的電子競技賽事中，主流項目就是“暴力類”網絡遊戲。

早在 1998 年，美國暴雪公司開發的即時策略遊戲《星際爭霸》開始流行，最初是單機版本（以人機對戰為主），在實現了局域網、廣域網、互聯網對戰平台這極為關鍵的三大跨越之後，電腦遊戲步入互聯網時代，電子競技也在時代大潮中浮出水面。

與《星際爭霸》幾乎同時，美國維爾福公司旗下的第一人稱視角射擊遊戲《反恐精英》也進入年輕人視野。與講究戰術佈局的即時策略遊戲不同，射擊遊戲更加直觀刺激，也更易上手，以血腥暴力、戰爭元素迅速贏得男性青年群體的熱捧。

之後的幾年，是《星際爭霸》和《反恐精英》這兩款遊戲佔據全球眾多青少年電腦屏幕的時段，第一批電子競技選手也在此之中悄然孕育。就在那個初級階段，即時策略遊戲（RTS[1]）完成了從原始

---

1 RTS（Real-Time Strategy Game），時策略遊戲，是策略遊戲（Strategy Game）的一種。玩家在遊戲中經常會扮演國王、將軍等角色，進行調兵遣將等宏觀操作。

狀態到現代形態的轉變，第一人稱射擊遊戲（FPS[1]）、角色扮演遊戲（RPG[2]）、大型多人在線角色扮演遊戲（MMORPG[3]）等類型也更加成熟，成為電子競技發展的基石。尤其是即時策略遊戲實現了網絡化，為之後成為電子競技核心模式的多人在線戰術競技遊戲（MOBA[4]）開闢了道路。

模式是發展的軌道。核心模式基本形成之後，網絡遊戲在浩大聲勢中繼續向前。有一種說法是，每款網絡遊戲都有一個明顯的興衰週期，從誕生到風光無限再到被新款遊戲擠下神壇，一般不超過 5 年。比如，1998 年之後興起的《星際爭霸》、《反恐精英》；2004 年左右興起的《魔獸爭霸 3》；2010 年開始流行的《刀塔》、《英雄聯盟》；最近幾年流行的《王者榮耀》、《絕地求生》以及《堡壘之夜》。

當然，"前輩遊戲" 並沒有消失，在不同地區還不同程度地保持影響力，比如歐美地區的 20 年常青樹《反恐精英》。這一週期論也沒有經過更長時間的驗證，有待觀望。一款遊戲的命運是複雜的，比如《英雄聯盟》在 2018 年下半年先後因亞運會和 S8 成為超級熱點，老粉絲熱情回升，新玩家繼續加入，在很大程度上衝擊了前面所說的週期假設，增加了很多新的可能性。

----

1 FPS（First Personal Shooting Game），第一人稱視角射擊遊戲，以玩家的主觀視角進行槍戰，不必身臨其境而體驗遊戲帶來的視覺衝擊，增強了主動性和真實感。

2 RPG（Role-playing game），角色扮演遊戲，玩家扮演一個或多個角色在虛擬或虛構世界中活動，並在既定規則下讓自己所扮演的角色發展。

3 MMORPG（Massively Multiplayer Online Role-Playing Game），大型多人在線角色扮演遊戲，是網絡遊戲的一種。和普通角色扮演遊戲不同，玩家離開遊戲之後，遊戲的虛擬世界在服務器裏繼續存在，並且不斷演進。

4 MOBA（Multiplayer Online Battle Arena），多人在線戰術競技遊戲，也被稱為 Action Real-Time Strategy（Action RTS，ARTS）。在戰鬥中一般需要購買裝備，玩家通常被分為兩隊，兩隊在事先設計好的地圖中開展對抗，每個玩家都通過一個界面控制所選的 "英雄角色"。

互聯網讓全球玩家聚在了一起，遊戲平台瞬間火爆起來。在世界各地，戰隊和賽事如雨後春筍般出現，電子競技的樣貌初現。歐美和韓國出現了一批獎金漸豐、影響漸強的遊戲賽事，這個階段起，人們開始用 "Esports" 來命名這種通過遊戲開展競技比賽、拿走冠軍獎金、實現職業價值的新活動。

在國內，網絡遊戲中角色扮演遊戲（RPG）的風靡程度不亞於 RTS、FPS 或 MOBA。前者無需精確高效的線下團隊合作，可以獨自一人在線上遊戲中呼朋喚友、消耗時間、打怪升級，這種模式也造成一大批網遊成癮青少年的誕生，網絡遊戲的污名由此而來。**這也是強競技性遊戲的用戶始終鄙視網遊之名的根源所在。**

2003 年起，在國內相關政策的影響下，網絡遊戲積極向體育項目靠攏，這是遊戲廠商和整個行業完成轉身、正名、升級和擴張的絕好時機。**政策因素是電子競技在中國孕育出現並快速發展的直接原因。**此前的網絡遊戲遍地開花，只是中國站在互聯網時代的大門口，從國際遊戲界蹭來的"見面禮"。

究其原因，網絡遊戲鑽進了互聯網初步興起、社會效率急速攀升的新空間中，成為新增閒暇時間最有效的填充者。在世紀之交，互聯網滲入社會生活，聯絡、交通、學習、工作等各方面效率都大幅度提升，作為學習者、勞動者的個人，只需消耗比從前少很多的時間，就能完成分內之事。人們面對的物質世界並無太多變化，但是更高的效率使得精神上的富餘空間被打開。網絡遊戲是充滿吸引力、飽含控制力的文化手段，在這個社會現實基礎上大肆進軍佔領了人們尤其是青少年的富餘時間。

需要特別強調的是，網絡遊戲具有強烈的商品屬性，是遊戲廠商獲取利潤的直接來源。這從根本上決定了電子競技與生俱來的資本特質，帶著深深的互聯網商業主義烙印。在全球範圍實現電子競技的擴張，是遊戲廠商及其後台資本佔領市場、產生利潤的必然選擇，也是其生存發展的根本邏輯。

經過互聯網大潮的沖刷，遊戲（Play）這一人類古老活動進化成全新面貌，在實現電子化和網絡化之後，成為電子競技的基底。**接近宗教的古典體育、強調對抗的近代體育、重視商業的現代體育，還有娛樂、社交、資本統統糅合在一起，年輕人在數據和光電的海洋中，搏擊，狂歡。**虛擬和現實交錯，人與機器並肩，電子競技站上了風口浪尖。

獨一無二

體育運動是一個人類學常數，它在不同文化中有著各自不同的體現，其發展受到不斷變化的自然、政治、社會和歷史條件的制約。[1] 都市人的主流生存模式已經網絡化，其重要特徵之一就是：計算機和互聯網成為必不可少的生活基礎設施。互聯網作為一種組織原則和技術

---

1 Wolfgang Decker. Sport, in: Der Neue Pauly 11, p.838.

現象，永久地改變了社會、文化、經濟和政治。[1] 電子競技發展起來的 20 多年，正是互聯網對人類社會解構和重塑、人類向著數字網絡空間遷徙的歷史時期。

從技術、媒介、商業和文化等多重視角來看，遊戲經過互聯網力量的顛覆式改造後，在一代又一代年輕人群中成為流行話語。從網絡遊戲到電子競技，更多是字面意義的改寫和運行方式的改良，人們為它定製了一件全新的外套，就像一個走進人生新階段的中學生。

即便換上了"體育"這件新外套，電子競技的發展仍然更多依賴互聯網和機器，這從根本上區別於"體育重視人的身體"這一本意。電子競技的原生狀態就是虛擬、迭代和人機交互，強調數字化對抗和精神刺激，與以往任何一種體育運動都相去甚遠。

也正是因為極大區別於傳統意義的體育，電子競技被體育外套賦予了新能量，讓它在現代體育陣營中確立了獨一無二的存在感，並且散發出"後現代體育"的氣息。

20 世紀末的互聯網初級階段，網絡論壇是社交媒體的初始面貌，也是人類社會建立新生存模式的起步階段，還是孕育電子競技文化的搖籃。在以網絡昵稱為社交代號、以圈層社區為活動範圍的線上空間中，遊戲玩家圍繞具體一款遊戲組織起來，形成明確的角色分工和運行規則，將漫無目的的消遣改造為更有象徵意味的競技活動。時至今日，電子競技選手習慣用網名作為個人代號，信息流主要集中在線上而非線下，都是互聯網賦予它的原生烙印。

---

1 G. Bollmer. Not Understanding the Network? A Review of Four Contemporary Works, The Communication Review, 2010, 13 (3), pp.243-260.

在錄屏軟件、視頻直播等可視化新媒體技術的推動下，電子競技越發成為"體育"應有的模樣：賽事、轉播、明星、粉絲、市場、贊助商、職業化，這些現代體育的必備要素嵌入它的體內，人類歷史上前所未有的社會活動方式出現了。

如果非要將這一新的社會活動方式與人類的過往相對應，體育是最好的連接通道。不同的是，體育的身體比拼，被虛擬對抗所取代；體育的人際關係，被人機關係所取代；體育的運動場地和器械，被計算機軟硬件所取代。

儘管傳統體育的要素都被取代，實現的效果卻一如既往：人與人，在某個場域內，實現對抗。電子競技給體育運動的傳統定義注入了很多爆炸性的新元素。同時，電子競技所具備的特質和全球化、享樂主義、民族主義等經濟、文化因素有了自然而然的交融，成為網絡社會的主要話語體系。儘管在現實社會之中，它一直處於非主流狀態。

浸潤在網絡文化中的後現代思潮，主要體現為去中心化，提倡差異性和批判反思精神，倡導多元化的方法論。尤其是消費至上的享樂主義和反對權威的自由主義態度，更是根植於電子競技的內核之中。因此，**"後現代體育"** 這一提法可視為電子競技的高度概括，這在第十一章中會有專述。

人們需要不斷更新、持續進化的"體育"，用以滿足內心。從個人心態的角度來看，體育越來越多地被用來和生活做類比，揭示生活中無休無止的競爭，暗示人與人之間的對手關係，與此同時還帶著天然的娛樂消遣屬性。重點在於，傳統體育來自真實存在的對抗和競爭——無論是一個球被踢進球門落入球網，還是一個新的重量被舉過頭頂，都存在於觀眾眼前或電視轉播鏡頭前的現實世界。

同為娛樂方式，電子競技比其他體育運動具備更明顯的虛擬性和虛構性，競爭中的每一個元素在現實世界中都不存在，選手在現實生活之外的故事中代入個人角色，以"現實中並不存在的勝利"替代個人、團隊甚至國家的成功。

如果要進一步解釋"現實中並不存在的勝利"，只需講明一點：屏幕上的那些戰鬥和死亡，只不過是計算機程序"0"和"1"數字按規則組合後形成的聲光電效果。你的輸出，你的魔法，你的補刀，一切來自他人的預先設定。只不過在不同的人手中，數字會有不同的組合，產生不同的效果。現實中，沒有人倒下，沒有人得逞，客觀世界完全沒有改變。而其他任何一項體育運動，球在運動，人在位移，選手被擊倒，一切都有物理變化，變化的終點就是勝負的定論。

當然也不得不承認，如果僅僅從遊戲的邏輯出發，虛擬與現實並不重要，通過參與、觀看對抗而形成的精神刺激、心理變化才是關鍵。在一定程度上，虛實交織的關係折射出互聯網土壤中無處不在的自主精神，一句話解釋："開心就好。"在一些世界級賽事中，這種虛擬對抗還成為了民族主義的宣泄口："誰說遊戲的勝利就不是勝利？"

在電子競技的語境之中，個人的情感、群體的訴求都被置於虛擬世界中尋找回應，參與者和觀眾由此得到反饋而形成的喜怒哀樂也被放大，甚至遠遠超過現實經驗的範圍。說到底，和足球、籃球、賽車、橄欖球等現代體育別無二致，**電子競技的表面功能是參與者和觀**

眾獲得情感體驗，實際功能是社會得以調節，商業得以發展，機構從中獲利，產業由此發展。這一價值鏈條，如此螺旋上升。

現代體育的商業性和娛樂性，從來都在被強化，電子競技是其中某種特定形式的階段性成果。正如前面所說，這是一個嶄新的有點叛逆的中學生。

最現實的選擇

21 世紀，體育產業越發恢復其在 18 世紀的經濟模式，居於娛樂業之列，並以利潤為目的。[1]

由於政策制定者的觀念更新、遊戲從業者的靠攏心態和商業資本逐利的原始動力，電子競技以其網絡化、娛樂化和產業化的特點，成為體育產業中的新生力量。

在體育界改革派眼中，如何吸引更多年輕人 "一起玩"，和堅守體育的所謂 "底線和邊界"，顯然是前者更有意義。所以，電子競技是他們最現實的選擇。

電子競技的發展建立在科技和經濟的現實基礎上，有三個關鍵詞：**美國產品、韓國模式、中國土壤**。

美國是娛樂產品的輸出大國，崇尚開放、享樂、冒險的國民精神

---

1 〔英〕托尼・柯林斯（Tony Collins）：《體育簡史》，王雪莉譯，清華大學出版社 2017 年版，第218 頁。

和疾速發展的視覺、編程、互聯網技術結合在一起，催生出網絡遊戲最核心的產品：從《星際爭霸》、《魔獸世界》、《反恐精英》到《刀塔》、《英雄聯盟》、《守望先鋒》。深諳玩家心態與市場邏輯的美國公司，一直牢牢掌握電子競技的指揮棒。

儘管日本具備更加深厚的遊戲開發歷史與技術積累，但在電子競技類遊戲的設計與輸出之戰中，卻很少進入過戰場核心地帶。從切分蛋糕的過程和結果來看，日本人在遊戲形式上的創新與創造高峰期似已過去，而美國人則更加重視如何持續不斷地在技術基礎上利用人性並達成實際商業目標。

韓國的娛樂文化既積極靠攏西方，又不時回顧東方。這種心態造成雜糅甚至糾結的審美態度，無論是他們的流行音樂還是電影，一直在放飛自我的頂端和內斂壓抑的底部之間，尋找著某種平衡。電子競技的原始形態就從這種娛樂文化之中孕育而生，他們將純粹線上的、人與人不用相見的網絡遊戲包裝成眾人集聚的演唱會式狂歡，並且巧妙地放大了競爭與對抗的元素，讓它與流行音樂演唱會區別開來，掉頭衝向現代體育的領地之中。

中國的情況需要多花些筆墨。21 世紀以來的這十幾年，國內體育產業、文化產業和互聯網產業被很多人津津樂道。中國的互聯網文化具備強烈地域特色，其哺育的新世代成為電子競技發展的基礎人群，用戶數以億計，橫跨南北西東。法國大型遊戲公司育碧（Ubisoft）上海製作公司負責人奧勒利安·佩利斯（Aurelian Pelisse）曾說："中國在電子遊戲領域一直以來都很特殊，好像與世界的其他

地方都不一樣。" [1]

網絡遊戲在中國社會主流價值觀中的認同度較低，也影響到電子競技的公共形象。簡單梳理網絡遊戲的發展過程不難發現，這種亞文化和中國社會的階段性特徵發生了一系列反應，產生了忽明忽暗的複雜效果。

1998 年，互聯網從中國東部沿海大城市延展到更加廣闊的內陸腹地，網絡帶寬、硬件水平在短時間內快速提升。這是城鎮化的縮影。1978 年，中國城鎮化水平約為 20%。1998 年發展到 30% 左右，壓抑良久的動能開始釋放，這個指標到 2017 年已達 58.52%。[2] 城鎮化改造了人的生活空間，從農村生活向城鎮生活轉換的中間地帶，有一條跨度不小的文化鴻溝。不僅來自物理空間的變化，也來自公共服務的短缺，以及社區和城鎮文化的羸弱。換句話說，城鎮化過程中沒有形成與之速度相對應的文化配套。

2000 年開始，以韓國和中國台灣地區開發者為主要作者的網絡遊戲逐漸通過線下的網吧和線上的對戰平台，給中國第一批互聯網用戶帶來新的娛樂選擇，尤其是小鎮青少年。

2001 年，中國申奧成功、加入 WTO，社會、經濟、文化產生了新變化。在城鎮化和成為 "世界工廠" 的過程中，大量青壯年勞動力以產業工人的身份生活，具備了相對固定的休閒時間和社交範圍，在體育設施缺乏、運動傳統淡漠的現實生活中，上網是時髦、廉價且便

---

1 〔法〕弗雷德里克·馬特爾（Frederic Martel）：《智能：互聯網時代的文化疆域》，君瑞圖、左玉冰譯，商務印書館 2015 年版，第 272 頁。
2 國家統計局相關年度統計公報。

捷的休閒娛樂方式，網絡遊戲由此受到追捧。

絕大部分娛樂方式從來都沒有精英情結，反而是在最底層的土壤中萌生。在中國的中西部地區，人口眾多，文化生活相對缺乏，正是網絡遊戲生長的良好土壤。低門檻、虛擬化的人機對話，是涉世未深的青少年群體逃避現實、尋找存在感、建立**虛擬自尊**的有效方式。

虛擬自尊是網絡遊戲原生文化範式，將現實生活中的人代入虛擬的神化的遊戲世界，為他重塑身份角色，通過遊戲進程享受各種變化帶來的緊張感、刺激感和成就感。網絡遊戲在中西部地區迅速蔓延開來，短短幾年時間，湖南、四川、重慶、湖北、河南、陝西等地走出了第一批電子競技世界冠軍。

在高等院校，大學生成了網絡遊戲向更成熟方向邁進的生力軍。這些精力旺盛的城市青年，突然找到了一個可以瞬間改造人生體驗的虛擬開關，隨時能在現實與虛幻中切換，既迎合年輕人敢於嘗鮮的冒險衝動，也接納了因消遣方式老套而無法釋放的荷爾蒙。

無論是中西部地區還是東部沿海城市，網絡和遊戲組合而成的迷之鎖鏈將年輕人跨越千山萬水連接在一起，再帶往光怪陸離的新世界。

那個時期，網絡遊戲玩家們自發聚集於網絡論壇、聊天室，不少志同道合者一拍即合，合作推出了戰報網站和遊戲論壇，這是中國電子競技媒體的雛形。[1]依託網絡論壇，電子競技領域最初的意見領袖逐漸冒頭。2003 年到 2004 年間，億賽網（Esai）和中國遊戲聯盟網站

1　劉洋：《中國電競幕後史》，長江文藝出版社 2012 年版，第 28 頁。

（CGA）相繼誕生。與此同時，央視《電子競技世界》等一批專業節目開播。2005 年，《電子競技》雜誌面世，發行覆蓋全國，一直持續至今。

2004 年開始，電子競技登上視頻功能日漸成熟的互聯網平台，形成相對固定的傳播體系和用戶群體。互聯網成為電子競技 "作為一種體育" 走向更廣泛民眾的基本工具，儘管彼時並沒有太多人在意它是不是體育。

隨著中國社會的信息化程度不斷提升，高速寬帶成為城鎮基礎設施，互聯網經濟被納入發展戰略，體育和文化產業受到更多關注，中國選手和戰隊在世界比賽中嶄露頭角，電子競技的發展也進入了快車道。

2001 年，世界電子競技大賽（World Cyber Games，WCG）從韓國進入中國；2004 年，孟陽在美國奪得第一個電子競技單人項目世界冠軍；2005 年和 2006 年，李曉峰連續兩年在世界電競大賽拿下全球總冠軍。這一時期，國內開始出現職業化的電子競技俱樂部。[1]

產業規模的迅速擴張，既是中國經濟結構轉型的體現，也是電子競技充分市場化、全球化的結果。作為一種新生的國際化的現代體育，電子競技在中國經濟飛速發展的過程中也實現了高歌猛進，歐美、日韓的各大遊戲生產商和中國本土企業一起，將追逐利潤的目光聚焦在世界第一的用戶規模上，以中國市場這個巨大底座為發射台，將電子競技送入更廣闊的發展空間。

1　劉釗：《電競成長史：從兩款遊戲到 650 億大市場》，《證券時報》2018 年 6 月 6 日。

根據艾瑞諮詢發佈的《2018 年中國電競行業研究報告》，2017 年中國整體電競市場規模突破 650 億元，同比增長 59.4%。其中，端遊電競遊戲市場規模為 301 億元，移動電競遊戲市場規模為 303 億元，電競生態市場規模為 50 億元。[1]

關於電子競技的數據統計，各方存在著巨大差異。每家機構的標準不一，結果相去甚遠。

在普華永道（PwC）的報告中，2018 年全球電子競技市場規模不過 8.05 億美元[2]，折合人民幣約 55.7 億元。在另一家專為遊戲、電競提供數據分析的荷蘭諮詢公司 Newzoo 發佈的報告中，這個數字也不過 9.056 億美元，折合人民幣約 62.58 億元。

這兩家國際諮詢機構的數據都是指 2018 年全世界電競市場規模總量，但在數字上卻只是前一家國內機構數據中 2017 年中國電競市場規模的零頭。

如果作為決策依據，有著天壤之別的數據會產生完全不同的判斷。在本書第十章和第十三章都會涉及這個因統計口徑不同而產生的問題，由此也可見新興行業之複雜。

我們來對比一下其他高度成熟的體育項目。德勤（Deloitte）的報告顯示，2016 年世界足球產值達 5,000 億美元，折合人民幣 3.45 萬億元；[3] 根據德國數據公司 Statista [4] 的報告，2016 年 NFL 的產值為

---

1 艾瑞諮詢官方網站：http://www.iresearch.com.cn/Detail/report?id=3147&isfree=0。

2 普華永道官方網站：https://www.pwc.ch/en/insights/sport/sports-survey-2018.html。

3 德勤（Deloitte）報告，文字資料轉引自智研諮詢發佈的《2017—2022 年中國足球市場分析預測及發展趨勢研究報告》。

4 Statista 是位於德國的互聯網數據公司，擁有超過 100 萬項統計數據，涵蓋 8 萬多個主題，數據來源超過 18,000 項。

136.8 億美元，折合人民幣 946.4 億元；2017—2018 賽季歐洲足球五大聯賽的市場規模為 156.5 億歐元，折合人民幣 1,253.2 億元。[1]

顯然，電子競技暫時無法與其中任何一個巨無霸相比，這些成熟產業的規模也成為電競從業者的動力之源，是支持和參與者們提振信心的底氣所在。

無論是數十億還是數百億，電子競技的發展速度都是驚人的。當我們還在紅白機上玩《魂鬥羅》的時候，誰也不會想到短短數十年之後，那種槍炮聲、爆炸聲會在屏幕上響徹全球，進入頂級體育場，誕生世界冠軍，形成巨大產業，創造無數神話。

從此，遊戲產業中的一部分逐漸脫離母體，自造了電子競技航空母艦，乘風破浪、巡遊全球，改變年輕人的娛樂生活，同時也改造著世界的真實狀態和虛幻面目。

1　Statista 報告：https://www.statista.com/markets/409/topic/442/sports-fitness/。

第 2 部分

20 世紀，遊戲走上屏幕

從主機遊戲到網絡遊戲，

從電視屏幕到電腦屏幕。

遊戲成為主角，

人被屏幕包圍。

以屏幕為主要載體的傳播方式,將人類認知嵌入橫平豎直的框架控制區域。

　　19世紀上半葉攝影術出現後,由機械複製的各類影像通過框架樣式進入人們視線,成為文化生活的基本載體。人愈來愈習慣從一個框架中去發現、認識、理解世界萬物。

　　19世紀末期,電影的誕生讓框架內的內容"動"起來。1925年問世的電視機、20世紀日益成熟的計算機技術,在實現快速迭代和功能變遷之後,完全建立起屏幕在社會文化生活中的主導地位。

　　人類文化史進入屏幕統治時代。

　　在計算機發展歷程中,屏幕如影隨形。最早的計算機屏幕更多顯示的是文本,而不是圖形。直到20世紀80年代,蘋果計算機公司將交互式圖形界面帶給全世界的計算機屏幕,視頻遊戲(Video Games)才有了可能性。

　　屏幕重寫了遊戲的定義,人們不用再局限於面對面的人際關係之中，就能實現遊戲帶來的樂趣。屏幕給予了這種樂趣更多的可能性，超現實的、極具魔幻色彩的、僅存於想象中的場景，都能夠通過屏幕進入遊戲、出現在眼前。

遊戲走上屏幕，電子競技從此有了立身之地。

第三章

換了一種玩法

» »

　　20 世紀中葉，電子遊戲誕生。數萬年以來人類面對面的遊戲，換了一種玩法：並不需要身體的完全活動，也不用依靠現實環境，只要目光所及就能產生遊戲的效果和反饋。也就是說，動動手指，盯著屏幕，遊戲的意義就實現了。前無古人的體驗，徹底改變了遊戲觀念。

　　電子遊戲是工業時代向信息時代轉型過程中的產物，集合了技術和文化的新力量。近半個世紀的時間裏，電子遊戲從屏幕上的幾個小光點成長為無限大的虛擬世界。

　　在發展早期，電子遊戲以主機運算、圖形性能和儲存媒介為世代區分標準；到了 20 世紀 70 年代，電子遊戲跟家庭電視結合在一起，由此產生了劃時代的形式：主機遊戲；再到 20 世紀 80、90 年代，個人電腦技術的飛速發展，加上互聯網技術的融入，巨大力量將古老的人類遊戲推入一個能夠吞噬一切的數字空間之中。

半世紀前的先驅

　　人類歷史上關於電子遊戲最早的公開記錄，是一個叫作"陰極射線管娛樂裝置"的設計。陰極射線管（Cathode Ray Tube，CRT），也就是我們所說的電視機顯像管。

　　這是湯瑪斯·T. 戈德史密斯二世（Thomas T. Goldsmith, Jr.）與埃斯爾·雷·曼（Estle Ray Mann）在美國註冊的發明專利，靈感來源於第二次世界大戰中廣泛使用的雷達顯示器。這項專利於 1947 年 1 月 25 日申請，1948 年 12 月 14 日正式頒佈，編號為 2455992。

　　在遊戲中，屏幕上的光點代表飛機，玩家在有限時間內通過按鍵向飛機開火，如果能將光線射入預先設定的坐標，則光束散焦，代表飛機爆炸。[1]當時的電腦圖形不夠精確，必須在屏幕上用單層透明板標記目標。儘管這一專利沒有獲得推廣與普及，但是業界一般都認為這是**電子遊戲**的起點。

　　1951 年 2 月，克里斯托弗·斯特雷奇（Christopher Strachey）在英國國家物理實驗室中，用 Pilot ACE（Automatic Computing Engine）[2]編寫了一個"西洋跳棋"程序。由於程序超出硬件內存容量，沒能成功運行。1951 年 10 月，斯特雷奇在配備更大內存的機器上重新編

1　Silberman, Gregory P. (August 30, 2006), "Patents Are Becoming Crucial to Video Games", The National Law Journal.

2　Pilot ACE 是第一代電子計算機的代表之一，英國國家物理實驗室（NPL）於 20 世紀 40 年代邀請"計算機科學與人工智能之父"圖靈設計製造。1955 年 5 月，該機器退役後被送到倫敦科學博物館，並保存至今。

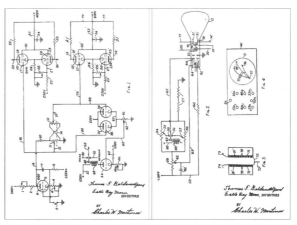

陰極射線管娛樂裝置的設計圖 © Thomas Tolivan Goldsmith Jr.

寫並運行了這個遊戲程序。[1] 這款遊戲需要依靠 Pilot ACE 這套特殊設備,所以也沒有進入更多人的視野。

　　1952 年,英國出現了最早的完整意義上的電子遊戲程序:井字棋遊戲(Tic-Tac-Toe)。這個運行於 EDSAC[2] 的遊戲被命名為"OXO",是一個圖形版本的井字棋遊戲,由 A.S. 道格拉斯(A. S. Douglas)在劍橋大學製作,目的是展示其人機互動的研究論文。因

1　Strachey, C. S. (September 1952). Logical or non-mathematical programmes: Proceedings of the 1952 ACM National Meeting (Toronto). p.47.
2　Electronic Delay Storage Auto-matic Calculator 是英國的早期計算機。1946 年,英國劍橋大學數學實驗室的莫里斯.威爾克斯教授團隊受馮.諾伊曼的 First Draft of a Report on the EDVAC 的啟發,以 EDVAC 為藍本,設計和建造 EDSAC,1949 年 5 月 6 日正式運行,是世界上第一台實際運行的存儲程序式電子計算機。

EDSAC 無法移動，"OXO" 從未對外公開，只有獲得特許才能在劍橋大學數學實驗室用到它，這台計算機和這個遊戲都僅用於學術研究。

1958 年，威廉‧希金博特姆（William Higinbotham）利用示波器，創造出影響深遠的視頻遊戲：《雙人網球》（Tennis for Two），放在紐約布魯克海文國家實驗室裏專供訪客娛樂。遊戲界面上是一個簡化的網球場側視圖，玩者要將一個 "球" 打過 "網"。遊戲機器上裝有兩個盒子狀控制器，配備了軌道控制旋鈕，還有用於擊球的鈕。

《雙人網球》被視為世界上第一款**視頻遊戲**。由於美國政府資助了實驗室，遊戲的專利權屬於聯邦政府，政府只給了希金博特姆 10 美元獎勵，後者沒有申請專利，也沒有意願讓此遊戲成為商品。當時的科學家普遍認為，"將昂貴的電腦用於娛樂遊戲很浪費"。**1**

1962 年，麻省理工學院（MIT）的學生斯蒂芬‧羅素（Stephen Rusell）和他的同學試圖設計以 PDP-1**2** 作為平台的電子遊戲。當時，大多數電腦藉由打孔卡或磁帶來輸入及輸出，而 PDP-1 有屏幕，他們想在屏幕上搞點名堂。

比《雙人網球》更進一步的《太空大戰》（Space War！）由此誕生，設計靈感受到愛德華‧埃爾默‧史密斯（Edward Elmer Smith）的《透鏡人》（Lensman）和《雲雀》（Skylark）系列小說啟發。這款遊戲也通過示波器產生圖像，跟《雙人網球》的單人操作相比，《太

1 Lovece, Frank. The Honest-to-Goodness History of Home Video Games. Video Review (Viare Publishing). June 1983, p.40.
2 PDP-1（Programmed Data Processor-1，程序數據處理機 1 號），設計理念源自麻省理工學院林肯實驗室所製造的 TX-0 電腦。20 世紀 50、60 年代，這些設備開啟了電腦小型機時代。

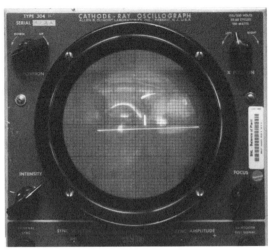

雙人網球（Tennis for Two）

© Brookhaven National Laboratory

空大戰》的革命性進步在於實現了雙人交互，也就是說，兩個人可以在屏幕上展開比拚。《太空大戰》被普遍認為是人類歷史上第一款**電腦遊戲**。

　　跟前幾個被封存於實驗室內的先驅不同，《太空大戰》很快在美國各個科學研究機構及學校之間流傳，對傳播及發展＂遊戲＂新概念發揮了極大作用。它甚至影響了未來遊戲行業的領軍人物、雅達利公司（Atari）的創始人諾蘭‧布什內爾（Nolan Bushnell）。布什內爾在大學玩過《太空大戰》，認為＂這是一款有趣的好遊戲，但是執行需求的電腦成本過於昂貴，性價比不好。＂1969 年，諾蘭‧布什內爾與朋友一起重玩這款遊戲，點燃了他＂對遊戲的狂熱及潛在商機的信

1962 年，《太空大戰》遊戲研發團隊成員丹·愛德華茲（Dan Edwards）
（左）和皮特·薩姆森（Peter Samson）在試玩

心"，隨後於 1972 年創辦雅達利。[1] 這家公司此後開創了電子遊戲的全
新歷史，也是電子競技發展過程中的重要力量。後面會專門講到。

　　《太空大戰》的意義不僅在於創造電腦遊戲本身，還在於由它
開啟的電子競技賽事。人們在回溯歷史時，習慣將"泛銀河系太空
大戰奧運會"定性為第一次電競比賽——1972 年 10 月 19 日，美國
斯坦福大學的學生在實驗室裏舉辦了"泛銀河系太空大戰奧運會"
（Intergalactic Spacewar Olympics），他們為比賽設置了明確的制度，分
為"無人大亂鬥"和"團隊比賽"兩種模式。

　　無論是規模還是賽制，這次"太空大戰奧運會"更像學校內部的

1　Mary Bellis, The history of spacewar. https://www.thoughtco.com/history-of-spacewar-1992412.

小型娛樂活動：比賽規模很小，觀眾就是自己的同學，而且獎品也較為簡單，勝者獲得一年《滾石》（Rolling Stone）雜誌。雖然各方面條件都很簡陋，但是以電子遊戲為工具、較完整的規則、可複製的模式，這些基本特點讓這次比賽成為有據可考的首個"電子競技"賽事。

有何理由將如此簡單的遊戲比賽也定義為"電子競技"？

從電子遊戲誕生之日起，人與人通過計算機軟硬件開展對抗，賦予了它虛擬競技工具的基本功能。《太空大戰》這種雙人對抗遊戲，雖然極簡單，但是它將競技的外延擴展到身體、實物之外的領域。在面對面的肢體接觸或工具比拚之外，人類的競技活動因《太空大戰》和"泛銀河系太空大戰奧運會"，而打開了數字化的新空間。

從體育的角度來看，哪怕是最簡單的電子化對抗，也具備了三個基本條件：第一，人與人之間某種形式的競技；第二，專業的器械與場地；第三，完整明確的比賽規則。

無賽事不電競，這是電子競技的出發點。

電子競技雛形初現

20 世紀 70 年代，電子遊戲的主要形式是基於視頻遊戲（Video Games）技術的主機遊戲（Console Games），必須通過陰極射線顯像管（CRT）才能顯示遊戲程序中的圖像。

在主機遊戲中，玩家通過控制器參與遊戲，控制器也就是我們常說的手柄，包含多個按鍵，單個按鍵或按鍵組合分別實現不同的控制效果，使屏幕上的遊戲形象、物件成為人的思維和行動的延伸。

後來，主機遊戲發展出家庭機和街機兩種形態，區別在於：前者需要自行連接遊戲機和家裏的電視機，後者則將電視機和控制器裝在了一個大盒子中，看上去是一台整體機，被放置在商業場所。

當主機遊戲越發成熟、用戶規模日益龐大，人們自然開始考慮圍繞它生出更多好玩的事情。是不是可以開展比賽？顯然，這是廠商推廣遊戲、吸引更多用戶的好辦法。嗅覺敏銳的廠商嘗試一些新的可能，將電子遊戲升級到更熱鬧的舞台。

一些賽事出現了。電子遊戲不再只是人們在客廳中的娛樂，還走進了公共空間。玩家們被拉上舞台，台上是高水平的對抗，台下是欣賞這種全新賽事的觀眾。**當電子遊戲成為一個在公共空間內有組織的賽事時，電子競技的雛形誕生了。**

在"泛銀河系太空大戰奧運會"舉辦的同一年，雅達利公司憑藉電子遊戲《乓》（Pong）一炮而紅。雅達利公司的創始人就是前文提到的諾蘭·布什內爾，《乓》的研發受到了《太空大戰》直接影響。布什內爾和他的合夥人特德·達布尼（Ted Dabney）請來了艾倫·奧爾康（Allan Alcorn）。奧爾康 1971 年畢業於加州大學伯克利分校，但是從來沒有過遊戲開發經歷。

在那個年代願意為電子遊戲投入精力的計算機科學家，要麼強烈熱愛遊戲，要麼是敢於嘗鮮者。奧爾康屬於後者。1974 年，奧爾康在開發團隊中聘用了剛進大學半年就自主中斷學業的史蒂夫·喬布斯（Steve Jobs），也就是後來聞名全球的蘋果公司創始人。當時，喬布

2018 年 11 月，上海某商場，《乓》的最新機型

斯看到雅達利公司的招聘廣告，被其廣告語 "Have Fun，Make Money"（開心，賺錢）打動，貿然登門求職，被奧爾康收留。

兩年後，喬布斯離開雅達利公司，和史蒂夫・沃茲尼亞克（Steve Wozniak）、羅恩・韋恩（Ron Wayne）3 人在車庫裏辦起了蘋果公司。很久以後，奧爾康和布什內爾在不同場合表示：" 喬布斯聰明，具備好奇心，也有很強的侵略性"，" 與同事合不來"。◼

1975 年，奧爾康帶領團隊研發的《乓》，成為雅達利公司的第一個視頻遊戲產品，有家用機和街機兩種版本。遊戲被命名為 "Pong" 有兩個原因：球撞在物體上就發出這個聲音（在字典裏 "Pong" 被定義為空曠響亮的聲音）；"Ping-Pong" 已經被別人註冊，鎖定了版權。

《乓》一誕生，就獲得巨大成功。它是第一款可以四人同時參與的遊戲，適合更加開放的社交場景，所以第一台《乓》的街機被安放在美國加州一家名叫 Sunnyvale Andy Capp's 的酒吧裏做測試。《乓》的新穎形式將越來越多人吸引到電視屏幕前，對抗形式也不斷增加、升級。

由於用戶基數快速增長，雅達利公司開始籌劃做一個大型遊戲比賽。1981 年，這個目標實現了，名叫 "Space Invaders Championship" 的賽事吸引了超過 10,000 名玩家參加，這是史上第一次超過萬人的電子遊戲賽事，它當然也是 " 電子競技賽事"。

至此，對於電子競技基本形態的各種試探都已有所表現。" 現場比賽 + 媒體傳播" 的形式，類似於競技體育模式；" 電子遊戲 + 遊戲

1　Isaacson, W. 2011. Steve Jobs. New York, Simon & Schuster, p.118.

玩家"的主體，則體現了電子競技特點。

可以看到，這些早期電子遊戲賽事並沒有直衝著體育領地而去，組織者從未顯示出主動靠攏體育的傾向。這是在西方社會寬容度較高語境中的正常狀態。即便到現在，電子競技與體育的關係也只在是否進入奧運會這類具體問題中被談及。

在日常生活中，電子競技以一種娛樂方式而存在，和唱歌、舞蹈、足球等各種比賽並行不悖。這也提醒我們，**電子競技是不是體育並不是最重要的議題，更須重視的是它應該如何運行於社會文化生活之中。**

自雅達利公司首次萬人賽事之後，以電子遊戲生產商為主體的行業力量，以世界各地玩家為主力的民間力量，一直在合力推動電子遊戲賽事的完善和規範，使其逐步發展成更具組織性、規範性的活動。儘管當時並沒有"電子競技"這個概念，但是電子遊戲的虛擬對抗很快深入人心，與之配套的記分網站、賽事轉播、錦標賽等各種衍生形態開始出現。這些越來越靠近體育的手段，也促使開發者不斷加強遊戲的競技感與觀賞性。

1981 年，賣過生日紀念報紙、當過石油期貨業務員的美國小夥沃爾特·戴（Walter Day），花了 4 個月走訪愛荷華州及附近的 100 多個遊戲廳，將每場比賽中發現的高分記錄下來，並考慮能否將其變現。11 月 10 日，他在愛荷華州的奧塔姆瓦開設了自己的遊戲廳，並將其命名為 Twin Galaxies。1982 年 2 月 9 日，他將自己的高分數據庫命名為 Twin Galaxies National Scoreboard，面向社會公開發佈。

人們從未見過，遊戲也能有看上去像官方組織一樣的排名機構，玩家們紛紛摩拳擦掌、一爭高下。戴發現了這種突如其來的地位、權力和機會，很快著手安排頂級遊戲玩家之間的比賽。1982 年 8 月，戴組織了一場"加州挑戰北卡羅來納全明星賽"，在加利福尼亞州萊克伍德和北卡羅來納州萊因斯維爾海灘舉辦了 17 場比賽。至 1982 年 8 月 30 日賽程結束，加利福尼亞州代表隊以總比分 10 比 7 擊敗北卡羅來納州代表隊。[1]

1983 年和 1984 年的兩個夏天，來自更多州的遊戲玩家自發組成戰隊，在戴的組織下開展遊戲比賽。這些州包括加利福尼亞、北卡羅來納、華盛頓、伊利諾伊、內布拉斯加、俄亥俄、密歇根、愛達荷、佛羅里達、堪薩斯、俄克拉荷馬、阿拉斯加、愛荷華和紐約州，覆蓋美國面積超過 1/4，Twin Galaxies 從此為更多人熟知。[2]

發展到現在，Twin Galaxies 已是遊戲業最權威的分數記錄網站，曾被美國《時代週刊》評選為全球實用網站 50 強之一。Twin Galaxies 是電子遊戲實現體育賽事化的一個重要標誌，儘管這些行動並沒有具備將電子遊戲引入體育運動範疇的主觀意願，但是在美國發達的體育文化中，人們對賽事的高度熱情與集體認同，催生出了電子競技的賽事形態。

1983 年到 1984 年，當時遊戲機開發和生產成本較低，加之市場前景廣闊，吸引大量電子生產企業湧入，造成市場明顯供大於求。由於競爭激烈，儘管銷售數字很好看，生產商卻沒有從遊戲銷售中賺取足夠利潤。很快，許多生產商停產並退出市場，尤其是雅達利公司急

---

1 California Tops Carolina in Video Challenge-RePlay Magazine, October, 1982.
2 U.S. National Video Team Picks its Favorites,Vending Times, New York, NY, April 1, 1987.

速沒落，導致了"美國遊戲業大蕭條"。

在蕭條之後的幾年中，北美的家用遊戲機開發驟然減少。在大洋另一端的日本，任天堂（Nintendo）公司快速接棒，憑藉 Family Computer（FC，國內俗稱"紅白機"）迅速搶佔全球遊戲市場。

1983 年 7 月 15 日，日本任天堂開始發售 FC。從 20 世紀 80 年代到 90 年代，任天堂成功地將遊戲角色"馬里奧（Mario）"培養成遊戲史上的標誌性人物，風靡全球。

1981 年，馬里奧最早出現在遊戲《大金剛》（Donkey Kong）的街機遊戲上，並沒有成為流行角色。1985 年，在 FC 平台發售的《超級馬里奧兄弟》，讓全世界都認識了這個穿著背帶褲、戴著紅帽子、留著大鬍子的管道修理工。

2016 年里約奧運會閉幕式上，2020 年奧運會舉辦地日本東京的 8 分鐘表演中，日本首相安倍晉三化身馬里奧，在哆啦 A 夢的幫助下通過遊戲裏經典的水管通道，從東京"直達"里約熱內盧現場。可見，馬里奧代表著日本的當代文化，也是日本最為世人所知的形象之一。

在這個階段，家用主機製造商加強了對第三方開發者的控制，包括限制生產和發售數量等。隨著玩家基數增長、行業地位鞏固，任天堂和之前的雅達利一樣，萌生了開辦比賽的想法。

1986 年 1 月 5 日，在日本東京出現了有史以來第一次由電視播出的電子遊戲賽事。這是一場由高橋名人對戰毛利名人的《星際戰士》（Star Soldier）比賽，這款遊戲就是在任天堂的 FC 平台運行。兩位選手在日本遊戲圈知名度極高，眾所周知的《冒險島》（Adventure Island）系列就是以高橋名人冠名。30 年後的 2016 年，高橋名人成了日本電子競技促進組織（一般社團法人 e-sports 促進機構）的代表理事。

　　這是電子競技賽事第一次在公共電視媒體上亮相。儘管不是現場直播而是錄播，比賽轉播仍然具備了當時堪稱豪華的包裝，現場坐滿了觀眾，富有激情的解說和高水平選手也吸引了大量電視觀眾。事後，為這次賽事特意製作的 30 分鐘電影短片一直流傳至今，其中高橋名人 "一秒鐘 16 連擊" 的絕技也得以廣泛傳播。

　　1990 年，首屆任天堂世界錦標賽（Nintendo World Championships）正式舉辦，總決賽舉辦地是好萊塢環球影城。和電影並肩，電子遊戲由此走入工業時代文化藝術的最高殿堂。

　　任天堂世界錦標賽的比賽項目較多，形式也相對多樣。比如，在 6 分 21 秒內，選手要先在《超級馬里奧兄弟》中拿到 50 個金幣，然後在 "Rad Racer" 中跑完一條專用賽道，最後再用剩餘時間玩《俄羅斯方塊》（Tetris）。在計分方式上，將《超級馬里奧兄弟》得分加 "Rad Racer" 得分乘以 10，再加上《俄羅斯方塊》得分乘以 25，最終得分最高者獲勝。

　　任天堂世界錦標賽留給電子競技歷史更直觀的 "文物"，是專門定製的 116 盤 FC 專用卡帶。其中，90 盤為普通灰色外殼，26 盤為鍍金外殼。在遊戲迷中，這些卡帶被賦予了極高的收藏價值。2014 年，一盤灰色卡帶在 eBay 上拍出了 20,200 美元的高價；2015 年，一盤金色卡帶的成交價則達到了驚人的 100,088 美元。

　　但是，任天堂旗下的大多數知名遊戲在設計時並非以競技為目的，例如《超級馬里奧兄弟》這類遊戲無法實現直接對抗，僅僅是娛樂而已。

通過比賽，遊戲聲名遠播、人氣聚集、銷售火爆，給廠商帶去巨大收益，任天堂嚐到了賽事的甜頭。為了給遊戲增加更多用於比賽的可能性，任天堂在 1996 年發佈的新遊戲《精靈寶可夢》（Pokémon）中加強了競技性。

這是一個角色扮演類遊戲，寶可夢是一種精靈的代稱。只要在與其他寶可夢對戰中獲勝，寶可夢就能夠提升等級甚至進化，成為更強大的寶可夢，習得新的絕招。在戰鬥中寶可夢幾乎不會流血或死亡，只是會暈倒（動畫中稱為"失去戰鬥能力"）。可以看到，這一時期的主流遊戲並不推崇暴力，反而在刻意迴避暴力。不僅當時全球排名第二的《精靈寶可夢》，排名第一的《超級馬里奧兄弟》也是如此。

在追求競技性的過程中，任天堂很好地實現了內容和對抗的平衡，而不是一味追求刺激。《精靈寶可夢》系列也舉辦了一些賽事，但是更為人所知的還是它的文化形象。1998 年發佈新款《精靈寶可夢》中的皮卡丘，其憑藉獨特的外形和風格，日後也成了日本文化的代言人。

在《超級馬里奧兄弟》和《精靈寶可夢》兩款遊戲建立的龐大粉絲群體之上，任天堂坐穩了當時的遊戲霸主王位。

2015 年，任天堂在美國洛杉磯的"E3 展" **1** 重啟了任天堂世界錦標賽。也就是說，第二屆比賽時隔第一屆整整 25 年。比賽以 12 歲為

1　電子娛樂展（Electronic Entertainment Exposition，常縮寫為 E3），是全球電子遊戲產業最大的年度商業化展覽，也是第一大遊戲大會，由美國娛樂軟件協會（Entertainment Software Association，ESA）主辦。

界線分為兩組，使用的遊戲是當時尚未發售的《超級馬里奧兄弟》官方特製關卡。兩年後的 2017 年舉辦了第三屆，體現出任天堂進入電競領域的行動，但是無法與 20 多年前的巨大反響相比。畢竟時間不等人，電子競技的世界已經易主。

　　除了任天堂之外，日本遊戲公司在同一時代開發了更高競技性的遊戲。比如卡普空（Capcom）公司的《街頭霸王》（Street Fighter）大型格鬥遊戲，很快就出現了以其為主要項目的街機對抗賽；如太東（TAITO）公司的《太空侵略者》（Space Invaders）設置了計分系統，玩家們不斷挑戰更高得分，實現排名競爭，接近當下各類網絡遊戲排位的"天梯模式"。同時，街機格鬥文化也在媒介力量的推動下逐漸形成各種社群，促進了電子遊戲"競技形態"的廣泛傳播。此內容第五章將有更多討論。

從主機
到PC

》》

雅達利和任天堂的遊戲機，都屬於主機遊戲平台。依託於 20 世紀 70 年代開始不斷升級的軟硬件，直至今天，主機遊戲一共經歷了 9 個世代。這 9 個世代，很大程度代表著電子競技的 "前傳"。儘管電子競技的概念很晚才出現，主機遊戲也沒有成為電子競技的主戰場，但這些最初的試探都在積極孕育人類競技活動的新方式。

更重要的是，這個發展過程呈現了人依靠屏幕建立關係、實現娛樂的活動，也折射出人與機器對話、共生的狀態，還可以從中看到各種社會力量面對遊戲產業的選擇與參與。經歷了 9 個重要世代的更迭之後，主機遊戲退居台側，望著繼任者個人電腦（Personal Computer，PC）遊戲扛起電子競技的大旗。

主機遊戲的 "九世代"

　　世界上第一台家用遊戲機的發明者是拉爾夫·亨利·貝爾（Ralph Henry Baer），這名在電視機廠工作的電子工程師，1966 年到 1967 年間和同事製作了一個名叫 "Brown Box" 的樣機。之所以叫 "棕盒子"，因為主機包了一層有棕色木紋的皮，由一些晶體管和二極管組成，帶有兩個手柄和一個光槍外設，可以運行一個類似《乓》的遊戲。他們將原型機送往遊戲機公司希望得到量產，但是四處碰壁。

　　終於，遊戲生產商米華羅（Magnavox）公司的市場營銷副總裁格里·馬丁（Gerry Martin）接受貝爾和同事的提議，基於 "棕盒子" 開發出第一代電視遊戲主機米華羅奧德賽（Magnavox Odyssey），型號為 1TL200。

　　1971 年 3 月，米華羅奧德賽在美國申請了專利，專利號為 3728480，名稱為 "Television Gaming and Training Apparatus"（電視遊戲與訓練裝置）。1972 年 9 月，奧德賽遊戲機上市，定價 100 美元，在聖誕節賣出了 13 萬台。直至 1975 年停產，1TL200 賣出了 33 萬台主機和 8 萬把光槍。

　　真正令大眾對電子遊戲機產生注意的，是前面已提到過的雅達利推出的遊戲機及其特有的遊戲程序《乓》。1972 年 5 月，雅達利公司創始人布什內爾參加了在加州伯林蓋姆（Burlingame）舉辦的奧德賽演示會，決定將對手的遊戲改寫，成果就是《乓》。米華羅被抄襲自己的競爭對手搶佔掉大部分市場份額，這種故事在此後的互聯網行業

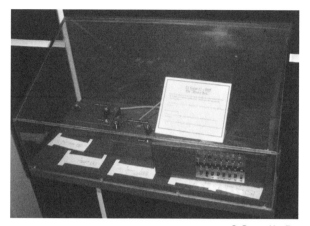

Brown Box 樣機

© George Hotelling

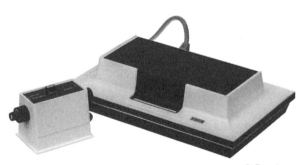

米華羅奧德賽第一代機型

© Evan Amos

比比皆是。1974 年，米華羅公司起訴雅達利公司侵權勝訴，後者被判支付 70 萬美元的版權費用。

兩家先行者之間的競爭引發了更多效仿者。之後，很多公司都生產相似的家用遊戲機推向市場。隨著更優質的微型芯片出現，雅達利、米華羅等公司大量推出相似的電子遊戲機，更多小型發展商推出表面上相異但內含遊戲基本相同的家用主機。幾年後的美國遊戲業大蕭條，在這裏埋下了伏筆。

1976 年一直到 90 年代初期，主機遊戲走過了第二、第三和第四世代。在第二世代中，雅達利 2600 是相對具有優勢的機型，其《吃豆人》（Pac-Man）成為家用機年度最暢銷遊戲。

1983 年，任天堂"紅白機"拉開第三世代序幕，比特（bit）用於區分主機性能，比如 Mega Drive/Genesis（MD）[1] 就以 16-bit 為賣點。在美國，NES [2] 在此世代中擁有主導地位。

在任天堂崛起的同時，雅達利往 7800 型號中引入了向後兼容性，延長了早期主機遊戲的使用壽命，這也成為之後很多遊戲機沿用的一種模式。

第四世代主要是超級任天堂（SNES）與世嘉（Sega）的 Mega Drive（北美版稱為 Sega Genesis）之爭。任天堂成功延續第三世代的輝煌，SNES 也成為第四世代銷量最高的遊戲機。

1993 年開始的主機遊戲第五世代，對整個行業的未來具有決定

1　MD 的命名為兩種，在日本叫 Mega Drive，即 MD；在美國命名為 Genesis。

2　FC 的命名為兩種，在日本叫 Family Computer，即 FC；在美國命名為 Nintendo Entertainment System，即 NES。

性影響：視覺上進入了 "3D 時代"，存儲介質從最初的低內存 ROM 卡帶變成了高存儲量的光盤。

在這個時期，擁有光盤讀寫技術的索尼（SONY）打算與任天堂合作推出帶有光盤的新型 FC，但是合作並不愉快。之後，索尼在遊戲圈自立門戶，研發了具有劃時代意義的 PlayStation（PS）。PS 採用了索尼造價低廉而容量可觀的 CD-ROM 自主技術。索尼同時擁有出眾的 3D 運算技術，憑藉這些優勢擊敗了任天堂，在全球範圍建立起新的遊戲王國。

世紀之交的主機遊戲第六、第七世代，出現了很多新變化。首先，索尼於 1999 年推出了 Playstation 的後繼機種 PlayStation 2（PS2）。索尼 PS2 兼容上一代機型，並依靠強大的 DVD 光驅輕鬆擊敗了新款的世嘉 DC。

在 PS2 平台上，有超過 1 萬款遊戲。這一機型創造了三個紀錄：史上最高銷量（1.5768 億部）、銷售時間最長（12 年）、官方廠商支持時間最長（18 年）。2012 年 12 月 28 日，索尼確認 PS2 正式終止銷售。

2005 年，微軟的 Xbox 360 發售，代表家用遊戲機進入競爭白熱化的第七世代。隨著任天堂的 Wii、索尼的 PlayStation 3（PS3）發售，主機遊戲市場上出現了三分天下的格局。這時，個人電腦（PC）遊戲，尤其是網絡遊戲已經大面積佔領了更多年輕人的時間，主機遊戲的領地被蠶食。

主機遊戲仍然在技術精進的道路上繼續前行。比如，微軟 Xbox 360 設置了完善的網絡功能 Xbox Live，同時又在部分地區與當地供應商合作推出了流媒體服務，玩家可以通過 Xbox Live 在網絡上進行聯機對戰，或者下載遊戲、音樂、電影和電視節目。Xbox 360 長期在北美地區有著很高的影響力。

2006 年 11 月 11 日在日本首發的 PS3，提供 "PlayStation Network" 網絡遊戲服務；2006 年 11 月 19 日，任天堂發售 NGC 的後續機種 Wii，第一次將體感引入家用機行列，藉助體感概念和家庭娛樂模式，發售第一年銷量達 2,000 萬台。

第七世代主機遊戲的特點是藍光畫質、網絡服務和體感娛樂。雖然之前的部分家用主機也提供在線功能，但是直到第 11 世代，可下載更新、多人在線聯機等功能才成熟。這裏的網絡服務，更多是在回應 PC 遊戲的挑戰。

第八世代是指 2013 年以後推出的數款家用遊戲主機，包括任天堂的 Wii U、索尼的 PlayStation 4 以及微軟的 Xbox One。

之前數個世代之間的轉換期為 5-6 年，從第七到第八世代之間的時間則超過 6 年。新情況是，第七世代裏銷售最好的遊戲主機 Wii，卻是第一個被第八世代機種所取代的。在第七世代遊戲主機推出時，微軟和索尼曾表示能夠延續 10 年生命週期，但不到 5 年，微軟和索尼就宣稱正在進行次世代主機的研發。

這個階段，基於個人電腦的網絡遊戲已經成為絕對的新霸主，第八世代遊戲機還面臨來自智能手機、平板電腦、迷你台式機和智能電視遊戲的挑戰。

隨著 2016 年虛擬現實遊戲興起，頭戴式 VR 設備使得遊戲機類型又產生了更多變化，主機遊戲進入第九世代。任天堂開發了全新一代的 Switch，實現了移動設備和遊戲主機兩者的融合交互。

新的銷售手段也開始出現。除了傳統巨頭推出雲服務之外，在發售前就已通過眾籌獲得數百萬美元資金的遊戲機 Ouya，將開源自由開發和免費遊玩的商業模式帶入遊戲主機領域。這種自由開發模式，已經是互聯網世界的主流模式。後面會講到，電子競技多款主流遊戲的雛形也是由用戶開發而成，帶著濃厚的協同、分享等互聯網基因。

最新一代的遊戲機層次分化更加明顯，方便實現手機連接、獨立創作遊戲等。同時，巨額投資的大作品仍然在廠商的手中演進，出現了有職業比賽環境並基於網絡技術的主機遊戲。但還是那句話：主機遊戲的陣地仍在，主角卻已讓給了 PC 遊戲。

PC 遊戲登場

自從個人電腦（Personal Computer，PC）普及，主機遊戲就逐漸離開歷史舞台的中心位置。個人電腦的操作方式更多，遊戲類型更豐富，屏幕上呈現的影像也更精細，這是主機遊戲無法相比的優勢。

對於玩家而言，一台電腦的遊戲功能遠遠大於其他功能，他們的電腦裏不能沒有遊戲。另一方面，遊戲的更新換代也推動了電腦軟硬件的發展進程，愈來愈複雜、奇幻的遊戲效果，需要配置更高的電腦來支撐。

摩爾定律和遊戲研發週期互為幫襯，相得益彰。摩爾定律是英特爾公司創始人戈登‧摩爾（Gordon Moore）提出的計算機發展理論，他認為集成電路的集成度每兩年能夠翻一番，後來這個週期縮短到 18 個月。也就是說，每 18 個月計算機等 IT 產品的性能會翻一番。[1] 很多大型遊戲的開發或迭代週期也與此接近。

20 世紀後期，以 IBM PC 為基礎而形成了新一代個人電腦，操作系統主要為微軟的 Windows，核心硬件主要為 Intel 的處理器，所以這一類電腦也被稱為 Wintel。此外，蘋果電腦的 IOS 也不斷變革並取得市場份額。遊戲廠商則要分別開發運行於 Windows 和 IOS 上的遊戲，兩大系統構成當前 PC 遊戲的主流平台。

1946 年 2 月 14 日，世界上第一台電腦在美國賓夕法尼亞大學誕生。這台機器被稱為電子數值積分計算機（Electronic Numerical Integrator And Computer，ENIAC），為美國陸軍的彈道研究實驗室（BRL）所使用，用於計算火炮的火力表。[2] 那個時候的電腦屬於軍方高端武器裝備，離進入普通人生活還有近 30 年時間。

60 年代，惠普公司推出 PC，隨後有一批計算機公司跟進，但是未形成廣受關注的局面。真正意義上的 PC 時代，始於 1976 年誕生在史蒂夫・喬布斯車庫裏的第一台 Apple 機。1977 年，車庫電腦的升級版 "Apple II" 在美國第一屆西海岸電腦展銷會上亮相，這是第一款具備圖形交互系統的個人電腦。由此開始，個人電腦步入其發展史上的第一個黃金時代。

1980 年，傳統的計算機生產巨頭 IBM 看到蘋果公司風頭十足，

1 吳軍：《浪潮之巔》，人民郵電出版社 2016 年版，第 73 頁。
2 The ENIAC's first use was in calculations for the hydrogen bomb. Moye, William T. ENIAC: The Army-Sponsored Revolution. US Army Research Laboratory. January 1996.

於是也組織了一個小團隊開發 PC。由於研發週期壓縮，為了趕進度的研究人員放棄了以往自己公司包辦一切軟硬件的做法，採用了英特爾公司的芯片作為組件，還委託了其他軟件公司配置各類軟件。這種開放式架構很快催生出新一代 PC。

1981 年 8 月，IBM PC 面世，憑藉其巨頭實力和開放式架構迅速佔領大部分市場，很快成為"個人電腦"的代名詞。開放式架構是個人電腦發展歷史上的重要進展，兼容機由此誕生，英特爾和微軟也因這一輪發展機會而壯大。

數十年來，開放、協作、共享的理念推動了人類社會各個方面的發展。即便是喬布斯的蘋果公司固守著封閉生態系統，身邊也圍繞了數量極大的第三方軟件製作者，蘋果在此基礎上再通過移動電話的革新，成為當仁不讓的科技巨艦。後來的一系列事實證明，開源理念對電腦遊戲的發展同樣重要。

除了我們熟知的 Apple II 和 IBM PC 外，同期的 PC 還有 Tandy TRS-80、Commodore 64、遊戲機公司雅達利開發的 Atari ST 等。人們幾十年前在大型計算機上研發電子遊戲的娛樂精神得以延續，PC 很快與遊戲捆綁在一起。

短短幾年的時間裏，PC 遊戲從無到有，在任天堂、世嘉等家用遊戲主機佔據主導地位的情況下，打開了一片屬於自己的生存空間。

20 世紀 80 年代中期，PC 遊戲不僅在數量和規模上有了長足進步，遊戲類型也豐富起來。除傳統的冒險、動作和射擊遊戲外，還出現了角色扮演、策略、戰爭和體育等風格各異的形式，顯示出這一平台的強大潛力。

1984 年，美國 PC 遊戲業創下了一項紀錄：Epyx 公司的《夏季奧運會》（Summer Game）藉洛杉磯奧運會之勢售出超過 10 萬套。這款遊戲第一次將現實體育賽事轉換到遊戲軟件之中，玩家可以通過鍵盤控制運動員參與撐竿跳高、跳水、短跑、體操、自由泳、射擊和皮划艇等項目。

彼時的美國 PC 遊戲市場初具規模，一批嗅覺敏銳的軟件工程師和資本運作者闖入其中。20 世紀 80、90 年代，許多知名遊戲工作室或公司，如西木（West Wood）、藝電（EA）、雪樂山（Sierra）、動視（Activision）相繼成立，他們開發的一大批 PC 遊戲很快進入市場，並成為電子競技萌芽階段的領頭羊。

複雜族群

在國內，主機遊戲和 PC 遊戲長期以來被人們並稱為 "電子遊戲"，漸漸簡化為 "遊戲"。如無特殊語境，"遊戲" 二字在通常情況下都指向 "電子遊戲"，尤其是近些年引發眾多青少年問題的 "網絡遊戲"。準確地講，"網絡遊戲" 是 "PC 遊戲" 接入互聯網後的形式，而不是一種具體的遊戲類型。

電子遊戲已經發展出一個複雜族群，有多種類型，它們互相結合後，還會形成具備交叉特點的衍生品種。這裏主要討論與電子競技發展源流密切相關的遊戲類型。

電子遊戲的最大特點是實現角色替代，讓人通過控制器獲取新的身份，進入虛擬世界。因此，角色扮演是電子遊戲的基礎功能，幾乎所有遊戲都會實現角色轉換，只是程度各異。

動作遊戲（Action Game，ACT）是最初主機遊戲的主要類型。在這種遊戲中，玩家通過控制本方角色，以碰撞攻擊和防禦躲避完成各類關卡任務，取勝的關鍵在於動作控制技巧。

動作遊戲劇情設定單純，控制接口簡易，一般以前進、後退、跳躍為主，比如《超級馬里奧兄弟》、《雙截龍》（Double Dragon）等。還有一部分此類遊戲會加入射擊元素，比如《洛克人》（Rockman）、《銀河戰士》（Metroid）等。

與動作遊戲同時期出現的格鬥遊戲（Fighting Game，FTG）競技性更強，以電子競技賽事的形式一直延續到現在。這類遊戲以計時擂台賽為主，玩家從"英雄池"中選擇一名特色鮮明的格鬥手，與對手（可以是另一位玩家，也可以是程序已有設定）面對面打鬥，按鍵組合可以形成不同招數，被擊中一方的戰鬥力（血格）降低，直到耗盡為敗。

20世紀80年代中期，格鬥遊戲在大型街機上引起一股熱潮，遊戲廳文化由此產生。打鬥、消滅等暴力元素迎合了遊戲玩家追求刺激、排遣無聊的心態。代表作包括日本遊戲公司卡普空（Capcom）的《街頭霸王》，SNK公司的《拳皇》（King of the Fighters），NAMCO公司的《劍魂》（Soul Calibur）。

格鬥遊戲造就了最基本的電子競技模式，就像古羅馬鬥獸場。尤其是英雄池中的角色、魔法式的絕招、戰鬥力（血格）的計量、打

鬥的視聽效果等要素，構建起電子遊戲乃至電子競技的基本面，延續至今。

格鬥遊戲講究雙人對戰，雖然有著一定的虛擬性和刺激性，但是故事並不遼闊，代入感不夠強烈。在遊戲設計者手中，角色扮演遊戲這類更加"引人入勝"的形式出現，並且在加入聯網功能後演化成核心遊戲類型。

一款角色扮演遊戲具備一個宏大的故事腳本，設置了各種情節，由玩家扮演特定角色，在虛擬世界中活動並成長，還有很多技能、機會、事件按照設定出現，根據操控而發生變化。隨著遊戲進程的深入，玩家可以按照自己的意願打造一個越來越完整的角色，在遊戲中生活、旅行、冒險、戰鬥甚至"結婚"、"離婚"。

有一種觀點認為，角色扮演遊戲源於歐美國家的桌上角色扮演遊戲（Table Game）這類紙牌娛樂活動。遊戲一般需要 3 至 5 人參與，其中一人作為主持人，負責解說劇情，記錄時間，扮演並控制如村民、怪物等非玩家角色（Non-Player Character，NPC），對玩家的行為作出裁決。其他參與者則是玩家，要扮演遊戲中的角色。遊戲的基本程序是玩家首先選擇角色姓名，之後用擲骰子決定角色的能力，最後選擇角色的職業，遊戲進程也隨之啟動。在遊戲中，主持人會介紹劇情和控制遊戲進度，玩家則通過購買裝備、進行戰鬥、破解謎題等方式參與遊戲。在電腦端的角色扮演遊戲中，只是由計算機替代了主持人的角色罷了。**1**

1　唐周毅：《電子競技運動之發展與策略》，台灣體育大學研究生論文，2008 年 6 月。

角色扮演遊戲很快衍生出多種混雜形態。比如，動作角色扮演遊戲（Action Role Playing Game，ARPG），同時具備動作遊戲與角色扮演遊戲要素，不僅有動作對抗場景，還有角色成長概念。再比如，策略角色扮演遊戲（Strategy Role Playing Game，SRPG），會讓玩家在策略遊戲中獲得一個角色設定，在戰略部署之外，還要考慮角色經營，具有更強的參與感。

影響更為深遠的遊戲類型是大型多人在線角色扮演遊戲（Massively Multiplayer Online Role-Playing Game，MMORPG）。這一類型是讓 PC 遊戲能夠席捲全球的超級武器，玩家通過互聯網進入遊戲廠商的付費服務器，在其中與世界各地的玩家相聚、相伴、相爭。

互聯網的加入，大大延展了遊戲的成長空間，從根本上改變了遊戲在社會生活中的地位，為電子競技的出現奠定了技術基礎和心理基礎。廣為人知的此類遊戲有《暗黑破壞神》（Diablo）、《魔獸世界》（World Of Warcraft）、《仙境傳說》（RO）。

在角色扮演遊戲的基礎上，人在遊戲中的角色被升級到更宏觀的控制層面，由此誕生了回合制策略遊戲（Turn-Based Strategy Game，TBS）。在這類早期策略遊戲中，玩家成了一個虛擬國家或者軍隊的統領，可以治理國家、調兵遣將。這類遊戲要取得勝利，關鍵是壯大自己、削弱敵人，直至完全摧毀敵方。但是，由於當時的硬件水平較低，無法承載複雜的運算，玩家必須輪到了自己才能行動，對方行動時則只能等待。

隨著軟硬件技術的發展，"等候對方、輪流出手"的策略遊戲原始模式被改造，即時策略遊戲（Real-Time Strategy Game，RTS）出現了，最早的代表是《沙丘 2》（Dune 2），而《命令與征服》（Command & Conquer）將其發揚光大。

即時策略遊戲是電子競技的里程碑。"即時"條件的出現，讓電子遊戲的競技性大大加強。玩家在同樣的時長限定下、以同樣的技術參數比拚，遊戲成為複雜而全面的競技活動，腦速和手速的對抗都由此實現。

即時策略遊戲很快實現了互聯網對戰功能，《星際爭霸》（Starcraft）由此風靡全球，流傳至今。隨後又衍生出動作實時策略遊戲（Action Real-Time Strategy，ARTS），也被稱為：多人在線戰術競技遊戲（Multiplayer Online Battle Arena，MOBA），就是在策略遊戲中引入了更加誇張但又十分具體的對抗打鬥。目前，電子競技的主流項目《刀塔》（DotA 2）和《英雄聯盟》（League of Legends）都是此類遊戲。

策略遊戲中還有一種集換式卡牌遊戲（Trading Card Game，TCG），在古老的紙牌遊戲形式中加入了策略元素。玩家收集卡牌，使用不同的卡牌組合為符合規則的套牌展開對抗。目前的主要代表是《爐石傳說》（Hearthstone），前文提到的《精靈寶可夢》系列之中也有卡牌形式。

戰爭因素被轉移到遊戲之中，不僅能產生策略遊戲，更直接與之對應的產品是射擊遊戲（Shooting Game，STG）。最初的射擊遊戲是屏幕內上下或左右的滾動形態，由玩家控制己方設備發射子彈，並且躲避敵方"槍林彈雨"。之後，出現了第一人稱、第三人稱、飛機類等很多衍生射擊遊戲類型。

第一人稱射擊遊戲（First Person Shooting Game，FPS）是電

子競技的另一座里程碑。FPS 產生後，電子遊戲領域出現了穩固的陣營，而且它始終是電子競技的主流項目。更重要的是，FPS 的 3D 擬真場景在很大程度上推動了電腦硬件革新。這類遊戲中，屏幕畫面即玩家視角，人置身於戰場之上，能夠前後左右環顧、跳躍、奔跑、躲閃、打鬥、射擊，強烈的戰爭現場感是其在電子遊戲領域的獨有特點。此類遊戲的奠基者包括《毀滅戰士》（Doom）、《雷神之錘》、《反恐精英》等。

與上述各種天雷地火、槍炮轟鳴的遊戲不同，電子遊戲中還有一部分類型跟現實生活具備友好的連接。在"電子競技進入奧運會"議題中，此類遊戲似乎更符合奧林匹克精神，沒有明顯的暴力傾向，也能夠為賽事組織方減輕輿論壓力。從長遠來看，電子競技領域確實應該加大此類遊戲的比重，既符合公眾利益，也有助於電子競技實現更大範圍的推廣。

體育遊戲（Sport Game，SPT）將體育活動虛擬化，最為人所知的是美國藝電公司（Electronic Arts，EA）的 "EA Sports" 系列，涵蓋了足球、籃球、橄欖球、賽車等眾多體育項目，並獲得國際足聯（FIFA）等官方機構授權，可以使用現役運動員的真實資料來製作，具備很強的現實感，也實現了真實運動和電子競技共有粉絲的流量轉化。在體育遊戲中，賽車遊戲（Racing Game，RAC）也可以單列。儘管賽車早已屬於體育領域，但是因為它的刺激性、操作感和汽車文化等因素，籠絡了龐大的遊戲人群，可以視為一支獨立力量。

除了以上遊戲類型之外，冒險遊戲（Adventure Game，AVG）、模擬遊戲（Simulation Game，SLG）、光線槍遊戲（Light-gun，

LTG）、音樂遊戲（Rhythm Game，RTG）、益智遊戲（Puzzle Game，PUZ）等也是電子遊戲族群的組成部分，有著各自的粉絲群體。比如"連連看"、"掃雷"之類的微型益智遊戲，具備強大的用戶基礎，因其輕型化、消遣式的特點廣受歡迎，電子遊戲的多樣性也得以體現。儘管它們很難成為電子競技項目，但是也可以試想，如果真的有"連連看"世界盃，也是一件好玩的事情。

這裏不得不反問之前的論述，當電子遊戲成為賽事，就是電子競技嗎？按照本書秉持的觀點，的確如此。電子競技涵蓋的遊戲範疇一直在變動之中，不能簡單地劃分勢力範圍，固化或窄化其內涵和外延，任何一款具備觀賞價值和商業價值的競技性電子遊戲都有可能成為電子競技項目。

所以，反問之反問就出來了："連連看"世界盃的觀賞價值和商業價值在哪裏？很難找到。即便存在理論上的可能性，也難以實現。也就是說，電子競技還是靠重點遊戲項目支撐的，並不是所有電子遊戲都能成為電子競技。

通過對電子遊戲複雜族群的簡要掃描可以發現，在融合發展的過程中，遊戲類型的邊界並不是涇渭分明，甚至會雜交生成新品種。具備競技元素的遊戲，一旦網羅大規模用戶群體、形成規則化賽事體系，就進入了電子競技的層面。接下來，就是面臨時間和市場的考驗，不僅優勝劣汰而且強者也不一定恆強。

本部分內容的核心觀點總結為一句話：**電子遊戲是電子競技最基本的核心要素；電子競技依靠電子遊戲的技術基礎而成立，也因電子遊戲的發展而發展。**

第 **3** 部分

世紀之交，電子競技成形

20 世紀 90 年代後期至 21 世紀 10 年代，

電子競技浮出水面。

從 "遊戲" 到 "體育"，

質變就發生在世紀之交那些年。

21 世紀，人類社會全面進入互聯網時代，世界各地風雲變幻，政治、經濟、文化、科技等因素交織出新局面，以下這些隨機抽取的歷史事件都與我們討論的電子競技主題有關，都是其成形的歷史背景。

1995 年，世界貿易組織成立，中國開始實行雙休日制度，微軟 Windows95 開啟非 DOS 命令操作系統時代；1997 年，亞洲金融風暴；1998 年，Google 創立，新浪、騰訊、盛大等中國互聯網公司相繼誕生，金大中就任韓國總統；1999 年，北約轟炸南聯盟，世界人口達 60 億。

2000 年，國際社會舉辦一系列以新世紀、全球化為議題的論壇、峰會；2001 年，3G 技術投入商用，北京申奧成功，911 事件，中國加入世貿組織；2002 年，北京藍極速網吧發生縱火事件；2003 年，"SARS" 爆發後半年內被控制，美國軍事打擊伊拉克，淘寶網上線，超級任天堂停產；2004 年，Facebook 創立，印度洋海嘯傷亡為人類歷史 200 年來最慘重；2005 年，世界紀念反法西斯戰爭勝利 60 週年，恐怖襲擊和自然災害頻發；

2006 年，Twitter 創立；2007 年，蘋果公司第一代 iPhone 上

市；2008 年，北京奧運會舉行……

這些歷史事件對應的背景可以概括為：全球化效應明顯，世界各國各地區之間的聯繫日益緊密，金融危機產生深遠影響；互聯網進入日常生活，巨無霸公司依次登場，技術水平不斷升級；人們的休閒時間增加，娛樂方式改變，體育熱度上升；恐怖主義、局部戰爭和自然災害等信息得到更快速更廣泛的傳播，人們更容易獲取此類新聞，生活的不確定感和危機感明顯強於過往。

》 》

　　刻在人性深處的對抗衝動，是人類一步步走到今天無法迴避的精神烙印，隨時可能被點燃，比如兩個人的打鬥、少數人的群毆、大規模的衝突、國家或地區間的戰爭，從未間斷。

　　無論支持者如何淡化暴力元素的存在，即時策略遊戲和動作射擊遊戲這兩個主要遊戲類型，攜著戰爭基因，用虛擬暴力帶來的刺激與快感，開啟了電子競技的大門。

　　在即時策略遊戲中，玩家經常會扮演統帥或將軍，進行調兵遣將一類操作；在動作射擊遊戲中，玩家則變身為征戰沙場的勇士，和敵人真刀真槍 "搏命"。

　　社會分工日益精細，人的勞動效率提升，直接表現為工作時間壓縮、閒暇時間增多。面對人們日益增長的娛樂休閒需求，策略和射擊這兩種虛擬戰爭方式，既帶來跳脫現實生活的刺激感受，又符合年輕人追求新鮮遊樂方式的心理需求，受到了全世界眾多玩家的追捧。

　　20 世紀末，美國和歐洲出現了組織更細、規模更大的電子遊戲比賽，競技類電子遊戲不再是單一休閒工具，顯露出可用於賽事的另一層功能。同時出現了準職業選手，很多高水平玩家通過參加各類比賽獲取獎金，以此作為謀生手段。PC 遊戲營造的虛擬戰場一步步演變成競技平台，可以視之為電子競技職業賽事的萌發。

人人都能當英雄

即時策略遊戲（Real-Time Strategy Game，RTS）是電子競技的起點，它以數值上的公平性讓虛擬對抗得以落實。從早期的《三國志》（Sangokushi）到《英雄無敵》（Heroes），這些遊戲的流行總能證明一點：不管在什麼時代，很多人都會幻想"化身英雄，征戰四方"。

當即時策略遊戲進化成多人在線戰術競技遊戲之後，"英雄"成了電子競技主流項目的核心，英雄池裏的每一個形象擁有非凡的能力，是戰鬥者，也是造夢者。

RTS，電子競技的發端

1985 年 12 月，日本光榮株式會社（KOEI）推出了《三國志》遊戲，獲得當年日本 BHS 大賞第一名及最受讀者歡迎產品獎。遊戲中，玩家扮演的不再是憑空捏造的英雄，而是一個個有著史料記載的歷史人物。

在《三國志》中，玩家可以扮演已傳唱千年的英雄人物，帶領千軍萬馬攻城拔寨，征戰之後則是治理國家、號令天下，讓歷史按照自己的意願來發展。《三國志》遊戲源於中國歷史，在東亞地區吸引了大量玩家。

在西方，有一款可以和《三國志》媲美的策略遊戲，那就是悉尼·梅爾（Sidney K. Meier）製作的《文明》（Civilization）系列。

1991年，《文明》誕生，其精細的設定、深厚的歷史內涵、友好的界面和對人類歷史發展道路的模擬，吸引玩家進入"創造歷史"的體驗之中。這是一個和《三國志》系列完全不同的策略遊戲，《三國志》強調用強大武力迫使敵人屈服，而《文明》更像是對人類歷史的排列組合和人為干預。一個個在人類歷史上真實存在的民族，具有不同的個性特徵和發展條件，這些都可以在玩家手中進行全新演繹。

古老神秘文明並未受到現代科技文明的衝擊，反而被提升至新的高度。作為一款娛樂性和藝術性兼具的作品，《文明》為後來的資源探索類遊戲樹立了標準。即時策略遊戲"四傑"之一的《帝國時代》（Age of Empires），以及後來的《國家的崛起》（Rise of Nations）都可以視為對《文明》的模仿。此後，不計其數的類《文明》遊戲湧現。在Windows時代，《文明2》和《文明3》又為新操作系統上的策略遊戲樹立了標準。

策略遊戲被玩家們熟悉後，遊戲中的一些設計缺陷也暴露出來。比如，士兵單位過於龐大、回合制進程過於緩慢等。很快，即時策略遊戲適時出現了。

西木（West Wood）公司遊戲製作小組在厭倦了初期的角色扮演

遊戲產品後，創造出一個新的遊戲類型。1993 年，西木團隊在《沙丘2》（Dune 2）上做出了讓遊戲界吃驚的轉變，第一款現代意義上的即時策略遊戲誕生。

這款遊戲中敵對勢力發展的同時，玩家要在一個真實時間段內自由操縱部隊，通過即時資源擴張、生產和攻擊，達到消滅對手之目的。策略遊戲此前被玩家詬病的致命短板，實現了期待中的革命性變化。

《沙丘2》的推出，把策略遊戲的 "4E" 準則 [1] 發揮得淋漓盡致，這個由西木制訂的模式，從那時起就成為所有即時策略遊戲設計者自覺遵循的標準。與今天的主流即時策略遊戲相比較，除了畫面以外，《沙丘2》之中可以看到幾乎所有現代即時策略遊戲的共同之處。

1995 年，在《沙丘2》的經驗基礎上，西木公司推出《命令與征服》（Command & Conquer），通過局域網實現人與人同場競技。這款遊戲一問世，整個遊戲業界對 PC 遊戲有了新的認識。作為教科書式的即時策略遊戲，《命令與征服》的影響更為深遠，其《紅色警戒》（Red Alert）系列成為了中國 70 後、80 後初涉電腦遊戲的集體回憶，開創的聯網功能也成了現代互聯網條件下的網絡遊戲標準。**這些貢獻，讓西木工作室被視為現代競技類遊戲模式的奠基人。**

1991 年，美國加州大學洛杉磯分校（University of California，Los Angeles，UCLA）的大學畢業生邁克・莫海米（Mike Morhaime）、艾倫・阿德哈姆（Allen Adham）、弗蘭克・皮爾斯（Frank Pearce），共同創建了一家名為 "矽與神經鍵"（Silicon & Synapse）的公司，這就是

1　"4E" 是探索（Explore）、擴張（Expand）、開發（Exploit）和消滅（Exterminate）的簡稱。

世界頂級遊戲廠商 —— 暴雪（Blizzard）的前身。

公司成立初期，三位創始人的共同理念是“做自己喜歡並受玩家歡迎的遊戲”，一心想要做出“偉大的遊戲”。和任何大公司的創業故事並無二致，暴雪的起步階段也是一窮二白、前途未卜、咬牙堅持的節奏。

單機遊戲的開發往往需要一年甚至更長時間。一開始，三位創始人為了支付員工的薪水，經常需要從個人信用卡提取現金，依賴借款來支撐公司。在這種艱苦條件下，暴雪做出了超越任天堂平台的《失落的維京人》（The Lost Viking）等作品，反饋良好，賺到了第一桶金。

翅膀硬了之後的暴雪，發現了 PC 遊戲的新機會。1994 年，暴雪邁出了即時策略遊戲製作的第一步：《魔獸爭霸》（Warcraft），由此開創了遊戲的另一種類型。1995 年，暴雪以 30 萬美元和 10 個月時間的研發投入，將 1994 年的第一代升級為《魔獸爭霸 2》，開啟了即時策略遊戲王者之路。推出之後，短短 4 個月內在全球銷售 50 萬套，很快又成為暴雪第一部突破百萬銷量的產品，被 PC Game 雜誌評為當年最佳多人聯機遊戲，發佈後的三年時間裏一共賣出 250 萬套。暴雪以此成為遊戲界的金字招牌，全球玩家聚集在它的光芒之下。

1996 年，暴雪的第二大經典遊戲《暗黑破壞神》（Diablo）上市，18 天賣出 100 萬套；1997 年，《暗黑破壞神：地獄火》（Diablo: Hellfire）上市，賣出 250 萬套。

1997 年，暴雪專設了在線服務器“戰網”（Battle Net）。“戰網”的出現，使全球任何一位玩家都能通過網絡服務器建立連接，反映出暴雪對互聯網時代新機會的敏銳嗅覺，是電子競技史上的標誌性事件。

1998 年，《星際爭霸》（Starcraft）上市，暴雪準備的 100 萬套光盤在 3 個月內銷售一空，成為當年全球銷售量最大的遊戲。緊接著轟動韓國，在當地再賣出 100 萬套，韓國成了《星際爭霸》的最大規模用戶所在國。由此，電子競技最早的產業鏈中，不僅有最上游創作力旺盛的美國生產商，更有了中游氣勢如虹的韓國運營者。

《星際爭霸》對於當時的即時策略遊戲、此後的遊戲產業和電子競技，都具備極其重要的意義。

意義體現在三個方面。其一，在韓國人的操盤之下，《星際爭霸》的職業賽事體系成為電子競技模式的鼻祖（詳見第六章）；其二，《星際爭霸》中引入了 "地圖編輯器"，通過玩家自製地圖，無數靈感創意融入遊戲之中，現今主流的 MOBA 也在很大程度上來源於此；其三，"戰網" 產生了強大的人際鏈接和傳播效應，遊戲文化、粉絲經濟和電競模式由此建立基礎。

1999 年，暴雪第一次在 "戰網" 舉辦大賽，提供 2 萬美元的現金和獎品，全球玩家競相參與，掀起一場熱火朝天的網絡遊戲大戰。暴雪的 "戰網" 是免費服務，但玩家必須擁有正版的暴雪遊戲。2000 年，暴雪在全球擁有 1,300 萬用戶，"戰網" 的註冊用戶達 750 萬，日均 12 萬人在線。為配合新產品的推出，暴雪進一步加強反盜版功能，對 "戰網" 的聯網授權執行更加嚴格的標準。

2002 年，《魔獸爭霸 3：混亂之治》發佈，一面世即被評為年度最佳 PC 遊戲。作為一款西方玄幻題材的即時策略遊戲，玩家可以選擇人類（Human）、獸人（Orc）、暗夜精靈（NightElf）和不死亡靈（Undead）4 個種族進行對抗，不同種族具備不同兵種、建築、英雄特性，這種豐富性讓即時策略遊戲進入一個嶄新時期。更重要的革新是，遊戲首次把"英雄"置於影響全局的地位，成為後來各種此類遊戲設計的出發點。

與此同時，《魔獸爭霸3》繼承了《星際爭霸》的地圖編輯器功能，引入了更多的玩家力量，讓即時策略遊戲進入網絡空間之中接受眾人的改造與優化，新生了更多可能。

此舉與目前新媒體領域常見的用戶生產內容（User Generated Content，UGC）如出一轍，強調個性化，提倡廣泛參與，也體現了互聯網發展進程中始終被提及的"去中心化"模式，這一理念與後現代主義思潮也實現了貫通，留作後敍。

互聯網對戰平台、英雄角色、地圖編輯器，是暴雪為即時策略遊戲進化和電子競技早期發展做出的三大貢獻。

20世紀90年代中後期，是即時策略遊戲的啟蒙時代。目前的即時策略遊戲，都可以看成《沙丘2》和《魔獸爭霸3》這兩大類型的衍生。

作為一個歷史悠久的遊戲類型，即時策略遊戲在演變過程中，形成眾多鮮明的特徵。

首先，即時策略遊戲仍然是策略遊戲的一種，自然也具有策略遊戲的基本屬性：在遊戲過程中，玩家可以根據自己的意志控制、管理和使用遊戲中的人或物，以此來達成爭勝目的。

更重要的是，"即時"是其最與眾不同的地方。顧名思義，即時策略遊戲擺脫了以往常見的回合制戰鬥，無需等待對方回合結束就能行動，玩家以指揮官的身份和宏觀視角即時擴張領地、發動戰爭。進攻敵方的節奏更為緊湊，每一局對戰時間縮短，這種類似體育項目的平衡性、對抗性，使得即時策略遊戲成為電子競技的首選工具。

自此，PC 遊戲推崇的全盤思考、逐步控制的腦力活動，漸漸加入了迅速反應、快速操作的競技元素，這一點重要變化成為遊戲進化的趨勢，也為電子競技的發展鋪就道路。

MOBA，電子競技的基石 [1]

MOBA，全稱 Multiplayer Online Battle Arena，中文譯為"多人在線戰術競技遊戲"，也可定義為"動作即時策略遊戲"（ARTS，Action Real-Time Strategy）。作為廣受歡迎的網絡遊戲類型，MOBA 最近 10 年佔據了電腦遊戲的主要舞台，成為電子競技發展的基石。

MOBA 一詞，還存在一些爭議。有一種觀點認為，MOBA 並不能很好區分出《英雄聯盟》等多人在線推塔遊戲與《使命召喚》（Call of Duty）、《戰地》（Battlefield）等其他類型的多人在線射擊遊戲；也不能很好體現與《星際爭霸》、《魔獸爭霸》等即時策略遊戲的區別。這種技術性爭議還在持續，與電子競技的直接關係並不大，可以暫且擱置。

MOBA 的主要玩法是：在戰鬥中一般需要購買裝備，玩家通常被分為兩隊，在一張選定的遊戲地圖中開展對抗，以打垮對方隊伍的

---

1 本節部分歷史資料來源於：17173.com《中路一戰！MOBA 遊戲的前世今生》，作者 ID：若夢沉浮的小磊，發佈日期：2012 年 5 月 21 日，http://news.17173.com/content/2012-05-21/20120521105006970_all.shtml。

陣地建築為勝利條件。每個玩家都通過一個即時策略遊戲風格的界面控制所選的英雄角色。

但是，不同於《星際爭霸》等即時策略遊戲，玩家在 MOBA 中通常無需操作那些建築群、資源、訓練兵種等組織單位，更多時間是用來控制自己所選的英雄角色，開展攻擊與防衛，競技性也集中體現在這種攻防轉換之中，有點像足球、籃球之類的團隊型競技體育。只不過，球類運動的目標是防止對方進球、贏得本方進球，MOBA 的目標是擊殺對方英雄、摧毀對方領地。

說到 MOBA 的起源，就不得不再提暴雪和《星際爭霸》、《魔獸爭霸》。這兩款經典遊戲提供的地圖編輯器，讓玩家可以自行擴展遊戲內容，MOBA 就從中發育而來。

1998 年，一位叫作 Aeon64 的玩家在《星際爭霸》中製作了一張名為 "Aeon Of Strife" 的自定義地圖，被認為是所有 MOBA 的雛形。

在這張自定義地圖中，玩家可以控制一個英雄單位同電腦控制的地方團隊作戰，地圖有 3 條連接雙方主基地的兵線，而雙方戰鬥的目標只有一個：摧毀對方主基地。

可以說 "Aeon Of Strife" 奠定了 MOBA 的根基，但距離今天我們看到的 MOBA 依然有很大差別。當時，這張地圖只支持 PvE 模式[1]，而且英雄也不可升級。

對於中國玩家而言，最早廣泛流行的 MOBA 是 DotA（Defense of the Ancients），中文被譯為很多版本：《守護古樹》、《守護遺跡》、

---

1 電腦遊戲可分為 PvP 模式和 PvE 模式。PvP 即 Player vs Player，人人對戰；PvE 即 Player vs Environment，人機對戰。

《遠古遺跡守衛》，但反而是英文的音譯"刀塔"更加深入人心。

2003 年，《魔獸爭霸 3》的地圖編輯器功能使玩家想象力得以匯集並爆發，一名 ID 為 Euls 的玩家帶來了 DotA 1.00 地圖，這也是 DotA-All Stars 系列的最早版本，其地圖設計並不複雜，對戰雙方各有 5 名固定英雄的設定。這一地圖確立了遊戲的競技性，但是因為設定太過生硬，沒能得到普及。Euls 推出第二張 DotA 地圖後，也停止了更新，為了向這位 DotA 第一製作人致敬，遊戲中的一件道具被命名為 "Euls 的神聖法杖"。

接著，地圖創作者史蒂夫·甘蘇（Steve Guinsoo）接過了前輩衣缽，繼續對 DotA 進行更新和改造。這個時期的 DotA，在遊戲畫面和質量上都有了明顯提高，玩家數量與人氣也與日俱增，甚至有了小規模比賽。之後由於個人原因，甘蘇停止了 DotA-All Stars 的更新，DotA 中的羊刀被命名為 "Guinsoo 的邪惡鐮刀"，也是向這位 DotA 先驅者致敬。第九章中會講到，他後來成為拳頭公司（Riot Games）的首席設計師，領導團隊開發出《英雄聯盟》，也就是與《刀塔》瓜分天下的新王者。

對於中國玩家而言，最有名的 DotA 製作者則是"冰蛙"（Ice Frog）。從 6.0 版本開始，冰蛙參與更新 DotA，他善於從用戶需求出發，且不完全聽命於暴雪的限制，在修復 DotA 諸多漏洞的同時，不斷豐富遊戲元素，確立了 MOBA 的核心特徵—— 平衡性與競技性。在 MOBA 發展史上，冰蛙有著巨大貢獻，這種影響力一直延續到今天。此後的新版本《刀塔》（DotA 2）就是由冰蛙領銜開發的。

到這裏可以發現，暴雪公司及其兩款經典遊戲是電子競技的"黃埔軍校"，從用戶之中走出了《刀塔》和《英雄聯盟》兩大遊戲的主創，驗證了高手在民間的道理，也體現了互聯網時代給年輕人創造歷史所提供的開放式舞台。

如果說 DotA 的逐步成形代表了 MOBA 的幼年期，那麼 MOBA 的青年期則不再是孤獨一人。2004 年起，《魔獸爭霸 3》中各種被改寫過的地圖受到玩家的追捧，其中有幾款沿襲 Aeon Of Strife 設計思路的作品。

首先是廣受好評的經典地圖《澄海 3C》。玩家形容該地圖具備"爽快的遊戲感"，其快捷鍵沿襲了《魔獸爭霸 3》原作，可輕易上手；隨機英雄、命運房間的創新設計增強了娛樂性；最為人稱道的是"華麗的英雄技能"，藉助地圖編輯器的強大功能，《澄海 3C》中的英雄在施展技能時產生刺激的視覺效果。自此之後，英雄的技能效果成為 MOBA 類產品開發中被高度重視的環節。

與《澄海 3C》一同席捲《魔獸爭霸 3》對戰平台的另一張地圖，是長期在玩家中都有著極高人氣的《真三國無雙》。中國台灣地區的玩家 Lovemoon03 基於三國背景並參考光榮公司動作遊戲《真三國無雙》的人物設計，藉助地圖編輯器將 MOBA 實現了"中國化"，使之成為名副其實的中國版 DotA。

以三國為題材的做法相對討巧，早期的三國題材街機遊戲在玩家中有不錯口碑，傳統文化認同感也能成為有利於推廣的積極因素。

相對於《澄海 3C》，《真三國無雙》將 DotA 提出的 MOBA 理念展示給中國玩家：遊戲中殺敵數、補刀數等數據統計的加入，讓玩家意識到操作的重要性，打錢、壓制、節奏等概念也隨之產生。一直到今天，這些都是衡量該類項目選手基本功的重要指標。

《真三國無雙》實現了 MOBA 在中國玩家中的第一輪大規模普及。在遊戲的強烈對抗感受之中，中國第一批網絡遊戲玩家尋求轉型成為更加專業的 DotA 選手。之後，其中不少人又從《真三國無雙》轉到《刀塔》，將中國在這一遊戲類型中的整體實力推至世界頂峰。

DotA 啟幕

《魔獸爭霸 3》在中國迅速普及，除了地圖的推廣作用之外，不可迴避的原因是：當時國內版權保護生態不夠完善，盜版是各類遊戲流傳的最有效手段。盜版侵犯了知識產權，但硬幣的另一面也產生了意外的效果 —— 低廉的傳播成本為《魔獸爭霸 3》贏得了龐大的中國玩家群體。2005 年和 2006 年，隨著李曉峰（SKY）蟬聯兩屆 WCG 冠軍，《魔獸爭霸 3》以及 DotA 在國內的黃金時代揭幕。

與《魔獸爭霸 3》的複雜對戰相比，相對容易上手的 DotA 對於一般玩家來說更具吸引力，這也是 MOBA 相比於即時策略遊戲的一大優勢，直接導致了一批《魔獸爭霸 3》玩家轉投 DotA 懷抱。

伴隨 DotA 的流行，國內各大遊戲平台逐步開設 DotA 專區。2006 年，浩方對戰平台在北京、上海兩大區開設 DotA 專房。VS 對戰平台也憑藉積分等級系統，得到廣大玩家甚至職業選手的青睞，成為當時最大的 DotA 遊戲競技平台。

對戰平台極大推動了 DotA 在中國的流行。2007 年，經歷了漫長歲月洗禮後的 DotA 取代了《澄海 3C》以及《真三國無雙》，成為最熱門的 MOBA。DotA 在中國和全世界開啟了 PC 遊戲乃至電子競技的新戰場。

我們都是神槍手

　　比起策略遊戲的運籌帷幄，另一種遊戲類型更加直截了當地將人帶入戰爭場景，那就是第一人稱射擊遊戲（First Person Shooting Game，FPS）。玩家不再像別的遊戲那樣操縱屏幕中的虛擬人物，而是以身臨其境的主觀視角體驗戰爭，大大增強了玩家的主動性，提升了遊戲的真實感。

　　與結構複雜、畫面奇幻的 MOBA 相比，基於戰爭場景的第一人稱射擊遊戲在屏幕上的效果更直觀，規則也更易於理解。除了這些優勢之外，遊戲廠商們不斷挑戰視覺和操作極限，試圖將真實世界的戰爭感受盡可能多地還原到遊戲中。在 MOBA 之外，觀賞和參與門檻相對較低的第一人稱射擊遊戲，因其技巧性也成為電子競技的主要項目。

FPS 的淵源

　　1990 年，id Software 公司在美國得克薩斯州成立，核心創始人是約翰·卡馬克（John Carmack）和約翰·羅梅羅（John Romero）。他們是 FPS 的發明者，卡馬克還是開源軟件的倡導者，他主張將遊戲的源代碼公之於世，供全世界程序員修改、更新。這些理念呼應了 IBM PC 形成的開放式系統，也在一定程度上影響到前文提及的地圖編輯器和 DotA 此類用戶自主開發方式，大大推動了計算機軟硬件和遊戲設計的發展。

卡馬克是一個抱有人文主義理想的優秀程序員，公司名稱 "id" 即弗洛伊德 **1** 的 "本我" 哲學概念。id 是拉丁文，指的是在無意識形態下的思想，也就是人最為原始的、滿足本能衝動的慾望，如飢餓、生氣、性慾等。本我遵循 "快樂原則"（Pleasure Principle）或者 "享樂主義"（Hedonism），認為人最重要的追求就是享受快樂。這些隱含在公司名稱背後的潛台詞，不僅代表著卡馬克對遊戲的理解，也確實反映出遊戲的哲學意義。當然，這裏僅僅是理念表達而已，從科學上來看，外界刺激產生的大腦生化反應更應被看作遊戲的本質。

1992 年，id 公司的代表作《德軍總部 3D》（Wolfenstein 3D）——電腦遊戲歷史上記載的第一款 3D 第一人稱射擊遊戲問世。這款文件量只有 2M 的小遊戲引入了全新的 "Z 軸" 概念，相對於 2D 畫面的 X 軸、Y 軸，Z 軸使人可以用第一視角進入遊戲，視覺感受更加接近現實世界。

但是，第一人稱射擊遊戲以直接射殺他人的手法展現血腥內容，受到社會輿論廣泛質疑。這一遊戲形式一直是電子競技發展史上最具爭議的類型。

1　西格蒙德・弗洛伊德（Sigmund Freud，1856—1939），奧地利心理學家、精神分析學家、哲學家，著有《夢的解析》、《精神分析引論》、《圖騰與禁忌》等，提出潛意識、自我、本我、超我、俄狄浦斯情結、利比多（Libido）、心理防衛機制等概念。

當時的人們沒有想到，這一小步將遊戲產業向前推進了一個時代，形成一股發展潮流。受限於當時的硬件和軟件，《德軍總部3D》並非真正意義上的3D遊戲，玩家只能前後左右移動，無法實現具有立體感的位移。

　　1993年，id公司劃時代的作品《毀滅戰士》（Doom）誕生。相比《德軍總部3D》，新作品對於3D的理解顯然更進一步——玩家能夠以多種角度移動，使用了包圍遊戲角色的3D環境繪圖，支持多人遊戲，並且能讓玩家自由創建、擴展遊戲內容。《毀滅戰士》成了第一個被授權引用的商業化遊戲引擎，以其為引擎的遊戲如《異教徒》（Heretic）和《毀滅巫師》（Hexen）等，在第一人稱射擊遊戲初期發展的歲月裏也獲得了同樣的成功，至今仍然在歐美玩家心中居於鼻祖地位。

　　出於對測試中的《毀滅戰士》效果不滿，卡馬克給遊戲加上了聯網功能，結果出人意料：僅僅添加了聯網功能的《毀滅戰士》就像換了一個遊戲，連設計團隊都沉浸其中，終日對戰，無法自拔。1993年12月11日凌晨，得到《毀滅戰士》共享版將放出的消息後，全世界玩家蜂擁至美國威斯康星大學服務器等候下載開放，一度造成網絡癱瘓。[1]

　　據統計，共享版的《毀滅戰士》一共提供了3,000萬次的下載。[2]這只是id公司第一次遇到這種瘋狂情形，之後的數次新遊戲共享版或

1　David Kushner. Master of Doom: How Two Guys Created an Empire and Transformed Pop Culture. NewYork, Random House 2003.
2　歷史資料來源於Nagebirdren：《史記之計算機硬件與遊戲》，發佈日期：2004年12月29日，http://game.zol.com.cn/2004/1229/139744.shtml。

測試版發佈，都會引起網絡大塞車，體現了全球遊戲玩家對 id 公司產品的追捧。

在 MS-DOS 時代，PC 遊戲發展到新高度，新的遊戲類型層出不窮，有了更加出色的視聽效果。但是，舊式硬件已無法滿足遊戲需要。遊戲由此推動了 PC 史上的升級大潮。進入 Windows 時代之後，這種趨勢愈加明顯。

3D 遊戲革命

1996 年 6 月 22 日，id 公司另一個具有標誌性意義的作品：《雷神之錘》（Quake）共享版面世，這是首個 3D 實時演算第一人稱射擊遊戲。從這個遊戲起，id 公司的產品被用來衡量計算機硬件發展水平，成為檢測系統優劣的標準之一。

《雷神之錘》包含了卡馬克和羅梅羅的創作理想。和之前的 FPS 不同，這是一款真正意義上的 3D 遊戲，玩家可以實現 360 度轉身，可以低頭、抬頭、上躥下跳，一個比以往任何遊戲都要真實的 3D 化虛擬世界產生了。

從技術上看，《雷神之錘》引擎是第一款完全支持多邊形模型、動畫和粒子特效的 3D 引擎。除了可以使用 CPU 的軟件加速外，還支持使用當時最先進的圖形加速卡 Voodoo 硬件加速技術，玩家可以獲得更快的遊戲速度與更奪目的遊戲效果。

基於真實的 3D 場景和人物建模技術，玩家們創造了多種影響深遠的 FPS 遊戲戰術，比如《雷神之錘》系列最著名的操作技巧 "火箭跳"。

除了畫面和技巧方面的進步外，id 公司將創始人卡馬克的開源理念貫徹到底，為愛好者提供了各種各樣的開發工具，鼓勵大家一起改善遊戲，還可以創造個人專屬的遊戲方式，比如玩家發明的"奪旗"。

在互聯網時代早期，卡馬克領導下的 id 公司大力推行開放理念難能可貴，並一直延續到之後各種互聯網產品和模式的開發之中。

《雷神之錘》加強了聯網功能，將原本只支持 4 人的網絡對戰擴展到 16 人，增加了對 TCP/IP 等網絡協議的支持，使散佈於全球的玩家能夠通過互聯網接入設備，站在同一塊虛擬大地上對戰。

從那時起，《雷神之錘》社區在世界各地吸收了各種不同膚色、志同道合的人們，在遊戲切磋和探討中培養出一大群 FPS 的粉絲和高手。

1999 年，id 公司推出《雷神之錘 3》（Quake3）。承接前作的熱度，一時間各種電腦媒體、遊戲雜誌上都刊發《雷神之錘 3》的對戰技巧與研究，遊戲本身和媒體效應共同吸引來的大量玩家則沉浸其中，埋頭苦練。

在《雷神之錘 3》正式版發佈之前的 1999 年 8 月 12 日，一場名為 "Quakecon99" 的賽事在美國得克薩斯州的小城梅斯基特（Mesquite）舉行，規模不大，影響力也僅局限於遊戲迷之中，但卻提示了更多人，這款遊戲非常適合比賽，現場的強對抗性能夠吸引觀眾，賽制也可以借鑒體育比賽模式。

不久後，各種《雷神之錘 3》比賽在世界各地湧現，其中也包括中國。隨後產生的效應就是賽事增加、社會關注度提升、商業價值凸顯。

《雷神之錘》及其引擎可謂 "FPS 源頭"，不僅領導著遊戲軟件製作的潮流，同時產生的硬件需求也推動了計算機技術特別是 3D 圖形顯示技術的進步。

更重要的是，以《雷神之錘》為代表的 FPS 推動了從軟件到硬件到比賽模式的系統化進步，讓電子競技從萌芽狀態快速走向成形階段。id 公司的遊戲理想和商業追求直接引發了電子競技的興起，很多大小遊戲賽事都參照了 id 的比賽模式，並且不斷進化。

《反恐精英》，FPS 之巔

1998 年，美國維爾福（Valve）公司用《雷神之錘》的遊戲引擎開發了一部經典遊戲：《半條命》（Half-Life）。這是維爾福公司的第一款遊戲作品。

維爾福公司的兩個創始人都不簡單。蓋布・紐厄爾（Gabe Newell）和邁克・哈林頓（Mike Harrington）兩人在創業之前都是微軟員工。紐厄爾從 1983 年起就在微軟的程序、系統和技術部門工作，是微軟公司的元老。1996 年下半年，他們從 id 公司取得《雷神之錘》引擎的使用許可，花了一年多時間開發出《半條命》系列。

當時，在《雷神之錘》一枝獨秀狀態下，《半條命》是一款沒有發行商願意出面接手的遊戲。急需一部 3D 遊戲來開拓市場的雪樂山公司（Sierra Entertainment）[1] 看上了《半條命》，後來的事實證明他們是正確的。

----

1 一家專門製作和出版電子遊戲的公司，位於美國加利福尼亞州，成立於 1980 年。

《半條命》發行後，在玩家反應、遊戲評價、銷售量等方面都創下佳績，獲得超過 50 個年度最佳遊戲獎項：在評分網站 Metacritic 中得到 96 分；全球最大的遊戲媒體 Imagine Games Networks（IGN）形容其遊戲設計為 "精心傑作"（a tour de force）、"史上最具影響力電腦遊戲"；專業遊戲網站 GameSpot 評價其 "幾乎為遊戲業界帶來革命"；1999 年 11 月、2001 年 10 月和 2005 年 4 月，多次被老牌遊戲媒體 PC Gamer 列為 "史上最偉大遊戲"。

　　然而，真正將電子競技推上一個新台階的並非《半條命》，而是它的後繼者：《反恐精英》（Counter-Strike），國內玩家習慣稱之為 "CS"。

　　在開發《半條命》的同時，維爾福公司發佈了擴展模式和接口，供 Steam 開發者使用，由此催生了很多出色的 MOD[1]，其中不乏可以和原作比肩的遊戲作品。

　　這裏要插播講一下全球最大的遊戲發行平台：Steam。2002 年，Steam 與 CS1.4 Beta 一起問世，維爾福公司特別邀請了 BitTorrent（BT 下載）發明者布拉姆·科恩（Bram Cohen）領銜開發。這一數字分發平台是相當於蘋果 App Store 一樣的線上市場，玩家可以在平台上購買、下載、討論、上傳、分享遊戲和軟件，也能夠通過這個平台修改已有的遊戲版本。2017 年 4 月，騰訊遊戲平台更名為 "WeGame"，喊出 "中國人自己的 Steam" 口號。緊接著，維爾福和完美世界合作推出 Steam 中國版，其基地於 2019 年落戶上海浦東。

1　英文單詞 modification 的縮寫，漢語翻譯為遊戲增強模組，它是遊戲的一種修改或增強程序，相當於遊戲原作的用戶自定義版本。

最初的《反恐精英》，也是一個基於 Steam 平台的 MOD，由李明（Minh Lee）與傑斯・克利夫（Jess Cliffe）開發，後來被維爾福公司買下。該系列一共有五部，分別是《半條命：反恐精英》、《反恐精英》及其資料片《反恐精英：零點行動》，起源引擎重製的《反恐精英：起源》和進行全面修改的新作《反恐精英：全球攻勢》（Counter-Strike：Global Offensive）。

《反恐精英》將玩家分為"反恐精英"（Counter Terrorists）陣營與"恐怖分子"（Terrorists）陣營兩隊，每支隊伍必須在一個地圖上進行多回合戰鬥，取勝就是達成地圖內的目標，或者完全消滅敵方。遊戲中有爆破模式、人質救援模式、刺殺模式、逃亡模式，在 2012 年的 CS：GO 中增加了軍火庫模式。

按照克利夫的說法，《反恐精英》有著一些特殊的考慮：

> 這是基於團隊協作的遊戲，一隊扮演恐怖分子的角色，另一隊扮演反恐精英的角色。雙方能夠使用不同的槍支、裝備，這些槍支和裝備具有不同的作用。地圖有不同的目標：援救人質、暗殺、拆除炸彈、逃亡等。
>
> 最初的想法只是想做一個和朋友一起娛樂的遊戲，第一個測試版本只有 2 種遊戲模式、2 種武器和 3 張地圖，以及一個解救人質的劇情。
>
> 當我們發佈它的時候，不知道人們會如何評價。事實上，當時這個版本沒有引起任何人注意。整個過程比想象的更加艱難，有許多問題需要去解決。第一個主要的問題是，如何讓那

些專業的地圖製作者認為，為 CS 製作地圖是有意義的。很幸運有機會接觸到地圖製作人員，比如戴維‧約翰斯頓（Dave Johnston）、克里斯‧奧蒂（Chris Auty）等人，我們簽訂了一些協議，由他們製作了許多非常壯觀的地圖。[1]

《反恐精英》的出現並盛行，豐富了電子競技的內涵，也造就了這一遊戲類型的巔峰。在電子競技的起步階段，WCG、CPL、ESWC 三大世界頂級賽事分別引進了《反恐精英》作為主競賽項目，獎金和關注度也一直位列三大賽事的首位。不過，血腥暴力元素是 FPS 始終繞不過去的輿論焦點。

對電子競技歷史的回顧進行到這裏，可以發現，無論是 IBM PC 的開放式架構，還是從 RTS 的地圖編輯器中產生的 DotA，直至 FPS 源代碼和地圖改寫而產生的 CS，**電子競技發展的核心動力都建立在開放、共享、協同的創新理念基礎之上**。哪怕是遊戲廠商，也要從玩家手中獲取進步甚至突破的機會。

1　億賽網（esai）文章《反恐精英發展史》，2004 年 11 月 23 日。

隔屏互毆

　　電子競技成形的過程，並不是環環相扣、層層遞進的線性發展，而是遍地開花、各顯神通的板塊輪動。格鬥遊戲比 RTS、MOBA、FPS 都更早地成為電子競技項目，但是因其主要依附於主機平台，所以隨著主機的讓位而靠邊站。

　　20 世紀 90 年代，角色扮演遊戲中的格鬥遊戲逐漸在電子遊戲領域成為強勢類型。尤其在日本，更注重單機體驗的 RPG 格鬥遊戲成為主流，很多比賽圍繞著這類遊戲展開。

　　顧名思義，格鬥遊戲就是人和人隔著屏幕、通過控制器施行武力對抗、以打鬥方式爭奪勝利的電子遊戲。《街頭霸王》、《拳皇》、《侍魂》等一系列格鬥遊戲，在日本、中國乃至世界各地都頗有人氣。

從《街頭霸王》到《拳皇》

　　要了解格鬥遊戲，必須從《街頭霸王》（Street Fighter）講到《拳皇》（The King of Fighters）。

　　《街頭霸王》是公認的格鬥遊戲鼻祖，這款投幣式大型街機遊戲由日本卡普空公司（Capcom）在 1987 年發佈，塑造了好幾代人的遊戲記憶，之後拓展到各類遊戲機型，並推出了相關的動畫片和真人電影。這款遊戲有著深厚的故事背景和豐富的人物設定，比如來自世界各地的 "代表" 具備不同的面貌、技能和目標，他們之間的關係錯綜複雜，師徒、親人、仇人、追隨者、暗殺者，形成一個巨大而精彩的虛擬江湖。從 1987 年到 2017 年，《街頭霸王》30 年間售出 4,000 萬套，**[1]** 還不包括不計其數的盜版。

幾年後，日本 SNK 公司於 1994 年推出《拳皇》系列，遊戲背景是世界規模的格鬥大賽，追求對戰中血肉互搏、大招頻出的暢快感。此後，這款遊戲每年更新一版，並以相應年份命名，一直持續到 2003 年。在中國玩家心目中，《拳皇 97》、《拳皇 98》為其代表作。

在第一版遊戲中，除了原創新角色之外，還集合了之前的《餓狼傳說》（Fatal Fury）和《龍虎之拳》（Art of Fighting）等熱門格鬥遊戲的角色，這也是日本遊戲著名的"大亂鬥"模式。比如，任天堂大亂鬥遊戲就集合了歷史上眾多遊戲角色。

20 世紀 90 年代是街機類格鬥遊戲的黃金期，《街頭霸王》和《拳皇》成為遊戲產業的代名詞，除了日本本土之外，在中國、韓國的人氣也非常高，在拉美地區的熱度一直持續到現在。

鬥　劇

從 2002 年到 2012 年，日本的一項格鬥遊戲賽事持續了 10 年。這個名為"鬥劇"（Tougeki）的賽事，由日本街機雜誌《月刊 ARCADIA》主辦，按照地域劃分產生種子選手，頗有全國運動會的樣子。鬥劇還提供海外名額。也就是說，這不僅是全國賽事，還有外

1　卡普空官網：http://www.capcom.co.jp/game/content/streetfighter/30ac/。

卡選手。

鬥劇採用的是盃賽制，先在各地遊戲中心舉行分賽區淘汰賽，各區冠軍獲得全國大賽的資格。然後，通過抽簽對戰，層層淘汰，直至決出總冠軍。

在遊戲比賽轉向電子競技的過程中，還產生了很多新的賽事編排方式，比如鬥劇除了"個人戰"還有"團體戰"（分 2 人組和 3 人組）。在團體戰中，可以引入"田忌賽馬"式的安排，只剩一人窮途末路時，還可以憑藉氣勢和技術實現翻盤，完美拿下"一挑三"的精彩對局也屢見不鮮。

有點不符合日本人嚴謹風格的是，鬥劇每年的比賽項目都不一樣，連數量也不固定。常見的如《街頭霸王》、《拳皇》、《鐵拳》（Tekken）、《VR 戰士》（Virtua Fighter）、《刀魂》（Soul Calibur）等。此外，連《北鬥神拳》（Punch Mania）甚至《月姬格鬥》（Melty Blood）這樣的小眾遊戲，也能在鬥劇中爭取到一席之地。[1]

在連續舉辦 10 年之後，2013 年 3 月 29 日，"鬥劇"官網發表一則聲明，宣告無限期停辦。鬥劇是格鬥遊戲發展進程中的重要角色，它的停辦進一步稀釋了格鬥遊戲在電子競技中的佔比，較有影響力的格鬥類電子競技賽事僅剩下美國的 EVO（詳見下節內容）。

鬥劇停辦的原因較多，這些原因也是格鬥類遊戲一直無法贏得更廣泛人群的短板所在，可以概括為以下幾點：

1. 格鬥遊戲重技巧、輕策略。格鬥遊戲需要參與者長時間練習基

---

1 歷史資料來源於網絡文章《被延續的 FTG 黃金時代：追憶"鬥劇"十年》，作者 ID：冬夜。

本技巧（以動作控制取勝），而不是目前廣受歡迎的策略遊戲（以團隊配合和戰術調度取勝），這造成了格鬥遊戲的個人志趣大於團隊合作，不符合電子競技更加推崇的協同性和戰術性。

2. 日本的遊戲賽事政策影響。因相關法律法規，日本遊戲賽事獎金相對較低，很難形成強大的吸引力。與此相對應的是商業價值降低，既無法引來更多的參與者和觀眾，也不便引入更好的投資者和贊助商。商業化的賽事，是電子競技的生存基礎。鬥劇在持續開辦 10 年之後，本來薄弱的基礎更加不堪一擊。

3. 賽事運營專業性較低。鬥劇的運營模式廣受詬病，最核心的問題是缺乏新人培養機制、老面孔唱主角。後文會專門介紹的梅原大吾連續穩坐鬥劇冠軍領獎台，是他個人能力的體現，同時也是賽事運營的問題。一個體育項目的成長、成熟和成功，離不開一代代新人的接力，這是賽事生命力的象徵，也是賽事運營專業性的體現。

此外，鬥劇的組織工作也受到選手、觀眾的抱怨。在 2011 年鬥劇大會上，本應是 32 組的出線權發行了 33 組。大會當日，官方的緊急對應方式是單方面取消某組海外選手的出線權。如此不專業的做法，讓賽事的形象和價值大打折扣。

無論如何，鬥劇見證並支撐著格鬥遊戲的黃金時代，使其在 MOBA 和 FPS 的夾擊下得以延續，也讓主機遊戲的舞台更久地佇立在 PC 遊戲一旁。從遊戲形態多樣性、覆蓋人群豐富性的角度而言，鬥劇完成了它的歷史使命。此後，日本國內仍然保持著格鬥遊戲的傳統，各類賽事也在進行之中，只是鼎盛時代的巨大光芒再也無法返照。

EVO

在北美地區，也有高水準的格鬥遊戲賽事，名為 Evolution Championship Series（EVO）。EVO 由湯姆·坎農（Tom Cannon）創立，他也是格鬥遊戲專業情報網站升龍拳（Shoryuken）的創始人。賽事的前身是早在 1996 年於加利福尼亞舉辦的 "Battle by the Bay"，聚集了 40 位玩家一同參與《超級街霸 2 Turbo》和《街霸 Alpha 2》（日版稱《街霸 Zero 2》）比賽，最終演變為在拉斯維加斯舉辦的世界級大賽。[1]

2002 年開始，EVO 的名稱和形式確定下來，持續至今，成為全球最高規格的格鬥遊戲比賽，也是唯一持續運行的格鬥類國際電子競技賽事。2016 年，中國知名選手"小孩"曾卓君獲得《拳皇 14》和《街頭霸王 5》項目的冠軍。

在初期，EVO 比賽同鬥劇一樣採用街機。2004 年，賽方決定使用家用機版本，此舉在當時引起不小爭議。之後數年間，EVO 大部分比賽都是用索尼 PS 平台，2014 年加入 Xbox 360 平台。除了官方舉辦的賽事，參與 EVO 的玩家歷來有著 "BYOC"（bring your own console）的傳統，即自帶家用機舉辦賽事組織方並未涉及的項目比賽。這也是電子競技在另一塊領域的可愛之處，並沒有那麼多刻板無情的死規則。

經過多年發展，現在的 EVO 可以說包羅萬象，除了最主流的《街霸》、《拳皇》、《鐵拳》之外，還會涉及一些看起來不那麼"正統"

----

1 Crecente, Brian. Fighting to Play: The History of the Longest Lived Fighting Game Tournament in the World. Kotaku. October 6, 2008.

的格鬥遊戲，比如《口袋妖怪鐵拳》（Pokémon Tournament）、《任天堂全明星大亂鬥》（Super Smash Bros.），以及一些較為冷門小眾的格鬥遊戲，如《真人快打》（Mortal Kombat）、《不義聯盟》（Injustice）、《罪惡裝備》（Guilty Gear）等，實現了對全世界格鬥遊戲大範圍無死角的覆蓋，無愧於"格鬥遊戲世界盃"的稱號。

2018 年 1 月，EVO 移師日本東京，舉辦 "EVO JAPAN" 賽事，總獎金達到 500 萬日元，共持續 3 天，吸引近 3,000 名選手。由此也不難看出組織方的擴張雄心。

格鬥之王：梅原大吾

一位代表性人物幾乎可以代表 20 多年來的整部格鬥遊戲史。他就是梅原大吾。

生於 1981 年 5 月 19 日的梅原大吾，擅長 2D 街機格鬥遊戲，在格鬥遊戲界被稱為 "野獸"（The Beast）。2004 年 EVO，梅原大吾實現了每 0.3 秒格擋一次、連續格擋 15 次，這段連續格擋的視頻在網絡上播放超過 1 億次。2010 年，在吉尼斯世界紀錄中，梅原大吾獲得 "持續贏得獎金時間最長的職業電競玩家" 稱號。[1]

1994 年，當梅原大吾還是初中學生時，從《超級街頭霸王 2X》啟動格鬥遊戲選手之路。在《惡魔戰士》（Vampire）遊戲中，梅原大吾在當地街機廳創下 286 次連勝戰績。1997 年，在 Gemesuto 盃全國

1　日々是遊戲：ついにプロゲーマーデビュー！2D 格闘ゲームの " 神 " ことウメハラ選手を知っていますか？2010 年 4 月 27 日。

大會中，他和老朋友大貫晉也組隊獲得冠軍，開始被全日本格鬥遊戲界所知。

1998 年至 2006 年，梅原大吾開始了持續奪冠的征程：《少年街霸3》全國大會和世界錦標賽的雙料冠軍、連續 3 次卡普空舉辦的全國賽事冠軍、格鬥遊戲日美決戰冠軍、Evo 和鬥劇《街頭霸王3》項目冠軍。

2007 年，梅原大吾參加第二屆 Darkstalkers Combination Cup（DCC）大會，在從未獲得冠軍的《惡魔戰士》項目中登頂。2008年，梅原大吾在新遊戲《街頭霸王4》中始終保持 90% 以上勝率。2008 年 8 月 8 日，梅原成為戰鬥生涯積分的日本全國第一。

2009 年起，梅原大吾幾乎攬盡全球各類格鬥遊戲大賽的冠軍，並在 2016 年後逐漸離開戰鬥一線。

2017 年，梅原大吾和日本遊戲廠商 Cygames 簽下合作協議，組成 Cygames Beast 工作室，參與遊戲策劃、測試等，從台前轉到幕後。

梅原大吾的一枝獨秀，是日本格鬥遊戲文化、其個人天賦與實力、賽事商業運作等各種因素的共同結果，從一個側面反映出日本的電子競技處於一個相對封閉的內循環之中。除了日本國內的鬥劇之外，格鬥遊戲國際賽事舞台集中在美國的 EVO 之上。核心人物的存在，一方面體現出青黃不接的局面，另一方面卻也讓格鬥遊戲的影響力得以持續釋放，造就了日本獨特的電子競技格局。

虛擬體育

　　現實體育和虛擬技術結合而成的體育遊戲，是一片值得花些力氣的、尚未爆發潛力的電子競技領域。在體育遊戲中，足球、賽車和籃球相對更加成熟，有著龐大且固定的粉絲群體。

　　虛擬體育既能體現選手的競技水平，還能對應現實生活的各種細節和體育運動的成熟模式，同時也充分發揮了計算機軟硬件的虛擬功能，與 MOBA 和 FPS 等目前的主流項目相比，體育遊戲在電子競技中的比重有待加強。

體育明星進入遊戲

　　虛擬體育的重要推動者是美國遊戲公司藝電（Electronic Arts）。這家創建於 1982 年的老牌科技公司，總部位於美國加利福尼亞州，"EA Sports" 是其體育遊戲的品牌。

　　創始人特里普・霍金斯（Trip Hawkins）是一個熱烈但又理性的電子遊戲愛好者。他認為，人們可以通過遊戲建立社會聯繫，讓個體和群體都更加活躍。從哈佛大學讀完本科、斯坦福大學讀完碩士之後，1978 年，霍金斯進入蘋果公司，親眼見證了喬布斯帶領下的第一輪神奇擴張。

　　1982 年 4 月，帶著蘋果公司的工作經驗，霍金斯啟動了自己的遊戲創業計劃。首款遊戲的目標就集中於體育項目的虛擬化。

1983 年，藝電出品了籃球遊戲《一對一》（One on One: Dr. J vs. Larry Bird）。朱利葉斯・歐文（Julius Erving）、拉里・伯德（Larry Bird）成為遊戲的主角，並參與了宣發，遊戲取得不錯的銷量。這是電子遊戲與體育運動最早的直接結合，實現了遊戲形式、職業體育和明星效應的一體化，從而誕生了 EA Sports 品牌。

隨後，霍金斯將 "遊戲 + 明星" 的模式繼續擴大，《一對一》新增了喬丹對戰伯德，新開發了橄欖球遊戲 "Madden NFL"，賽車遊戲 "Ferrari Formula One"、"Richard Petty's Talladega"，棒球遊戲 "Earl Weaver Baseball"。其中不少遊戲都捆綁了當紅的體育明星。比如 "飛人" 邁克爾・喬丹（Michael Jordan）、賽車明星理查德・佩蒂（Richard Petty）、橄欖球明星教練約翰・麥登（John Madden）、棒球明星厄爾・韋弗（Earle Weaver）。

1991 年，藝電收購第一個工作室 Distinctive Software，後者開發出《極品飛車》（Need for Speed）系列，堪稱賽車遊戲的巔峰之作。

1998 年，藝電收購曾開發《沙丘》和《命令與征服》的西木工作室，後者得到更多資金支持後，持續開發了《命令與征服》系列作品，直至 2003 年解散，員工轉入藝電洛杉磯分部。

2005 年，藝電收購手機遊戲發行商 JAMDAT Mobile，並將其更名為 EA Mobile，曾經的經典遊戲推出手機版，比如《極品飛車》、《麥登橄欖球》和 FIFA 等，老牌遊戲公司也不得不面對手機遊戲的市場挑戰。

美國藝電的 EA Sports 系列，是電子遊戲和體育運動的高度結合，也是電子競技作為體育運動得到最高認同度的項目形式。

極速體驗

賽車是頂級運動，其費用和危險係數也同樣"頂級"。對於廣大車迷而言，在虛擬世界比試車技，倒是一個不錯的選擇。國際汽聯（FIA）很早就意識到遊戲是賽車運動最好的普及工具，積極地為廠商提供官方授權。

20世紀80年代，日本遊戲廠商發力，大大提升了賽車遊戲的擬真度，直至發展出一個相對獨立的虛擬體育項目。

創立於1969年的科樂美是日本的老牌遊戲公司，在1984年開發了最早的賽車遊戲《公路戰士》（Road Fighter）。在這款縱卷軸俯視模式的遊戲中，玩家要操作汽車形狀的方塊避開其他車輛，並在燃油耗盡之前抵達終點。1997年，索尼電腦娛樂（Sony Computer Entertainment，SCE）旗下的Polyphony Digital開發出GT（Gran Turismo）系列遊戲在日本上市，已迭代發展至2016年的GT7。

這款遊戲得到法拉利、蘭博基尼、奔馳、寶馬、豐田、本田等數十家世界知名汽車製造商，HKS、KW、Nismo、Yokohama等汽車零配件製造商和WRC、Super GT、納斯卡、勒芒等專業汽車賽事的授權，收錄了超過50條賽道、超過1,000款車型，可謂"汽車博物館"。在遊戲中，每一輛車的外觀、發動機聲音、性能都根據真車數據製作，體現了細節差異，在賽車迷和玩家中享有專業級口碑。

在賽車遊戲界佔據統治地位的，還是風靡全球的《極品飛車》（Need for Speed），尤其是1997年上市的第二代作品。這是美國藝電公司大規模進入賽車遊戲市場的核心作品，目標是滿足車迷體驗極速駕駛並在遊戲中"收藏"名車的慾望。

藉助英特爾奔騰一代處理器在當時最強的運算能力，這款遊戲中的各款跑車被塑造得栩栩如生，賽道沿途風光賞心悅目。更重要的是，玩家對車輛性能的感受也接近於真實體驗，比如蘭博基尼高速行駛時的平穩、保時捷過彎時的輕微飄移，都與實際情況相對應。

近年來，賽車遊戲在自己的領地裏保持著熱度，並衍生出模擬器遊戲、手機遊戲等形式，程序引擎在各公司之間轉售，汽車廠商和官方組織給遊戲公司提供了更多的品牌、數據和資金支持，遊戲中的廣告牌也理所當然地展現了各類汽車廣告。

不過，以賽車遊戲為主項目的電子競技賽事一直未能成形，這與廠商主觀意願不足、基礎人群相對較小、技術標準要求較高的客觀因素有關，但是考慮到賽車運動的發展和賽車文化的傳播，也不失為電子競技可開發的領域之一。

另一種足球

1993 年 7 月 15 日，藝電公司發佈了史上第一款足球遊戲：FIFA。至今，這款遊戲沒有任何英文名稱之外的譯名，因為它所使用的"國際足球聯合會"英文縮寫為世人所知，也因為它的獨特地位和超強實力不用解釋。

1995 年 7 月 21 日，科樂美公司發佈了另一款日後與 FIFA 比肩的足球遊戲：《實況足球》（Pro Evolution Soccer）。之所以說"日後"，因為首發版本是日本 J 聯賽，1996 年才推出國際版本。

實況足球 Pro Evolution Soccer 2019

FIFA 19

這兩款遊戲的明爭暗鬥從未停止，但也合力將世界第一運動複製成為虛擬平台之上的爆款。兩家爭鬥的集中點在於版權，FIFA 將大部分核心資源收入囊中，涵蓋了主流賽事、各級足協和豪門俱樂部，實況足球則不斷尋找縫隙，搶佔地盤。

比如，西甲豪門巴塞羅那俱樂部的諾坎普體育場，在 FIFA 遊戲中是難得一見的非版權球場，因為它的遊戲衍生品版權被科樂美買下。不過，更多的非版權球場、球隊、球衣等 "補丁"，還是存在於《實況足球》中。

2004 年，由藝電主辦、以 FIFA 為載體的電子競技賽事 FIFA Interactive World Cup（FIWC）在瑞士啟動第一屆賽事，持續至今，2018 年改名為 The FIFA eWorld Cup（FeWC）。

當 FIFA 的聯網功能日益成熟後，藝電在其中加入 "終極球隊"（Ulitimate Team）模式，極大改造了遊戲的面貌。在這一近似於角色養成的模式中，玩家可以通過多踢比賽或直接付費，實現球員轉會、陣容重整，將球隊老闆、主教練以及每位球員操縱者等多項角色集於一身。據 2017 年的統計，UT 模式每年可以為藝電公司新增 8 億美元以上的收入。[1]

作為足球運動的另一種形式，FIFA 也好、《實況足球》也好，都在遊戲迷和足球迷中常年受到熱捧，大型電競俱樂部也會設立 FIFA 分部。還有一個重要的發展是，傳統豪門足球俱樂部和頂級職業聯賽的 FIFA 電競賽事也陸續在歐洲和中國等地出現。這將在第十章講到。

---

1 福布斯報道：https://www.forbes.com/sites/greatspeculations/2017/10/10/fifa-remains-eas-bread-and-butter/#289e6h822140。

第六章

韓國：
關鍵推手

》》

　　儘管電子競技萌發於日本和美國，遊戲生產商也大部分位於美國，但將競技類遊戲真正轉變成為"電子競技"的，是韓國人。

　　隨著 21 世紀互聯網和計算機軟硬件技術的快速進步，經濟發展和全球化的熱度持續攀升，韓國探索出的電子競技模式爆發出強大力量。

　　2000 年發端於韓國的世界電子競技大賽（WCG），是電子競技模式的開創者，於 2014 年停辦（據報道將於 2019 年在西安重啟）。現存的綜合類電子競技賽事，大多參照了 WCG 的運行模式。作為電子競技定義者的韓國人，較早實現了電子競技的職業化，也催生了產業奇跡。

　　韓國電子競技發展模式存在一定的可借鑒意義，但是也提供了不少經驗教訓。一個新產業對國家和社會產生的效應，在頂層設計時考驗長遠眼光，在推進過程中也不斷接受現實檢驗。

產業起飛

　　作為後來者，韓國反而成了職業電子競技的開創者和定義者。在政府的大力扶持下，韓國 21 世紀初躋身世界頂尖遊戲王國，電子競技成為韓國國內三大競技運動之一（足球、棒球、電子競技）。

　　電子競技之所以能夠形成產業，韓國最早的從業者當屬先驅，起到了探索、實踐和推廣的重要作用。正是關鍵推手韓國人，擴展了遊戲產業的範圍，奠定了電子競技的經濟地位和產業格局，發展出與現代體育模式更加接近的電子競技職業聯賽，並且複製、推廣到世界各地，在互聯網社會變革進程中形成一股新的力量，為電子競技向更高層次發展打下基礎。

政策的關鍵作用

　　自發端以來，世界遊戲市場都是日本與歐美國家的天下。韓國只花了短短數年，在遊戲產業的全方位開發上形成了一套獨特模式，電子競技在這個東亞半島國家完成了影響深遠的一輪變革。

　　1997 年，亞洲金融風暴使得受制於國土資源、實行依賴型經濟的韓國備受打擊，不得不重新審視自身發展模式及產業結構。此前，韓國國民經濟的支柱產業以出口為主，受世界經濟環境變化影響較大。

　　1998 年，金大中上台執政後，提出文化立國戰略，韓國政府開始大力扶持一批受資源、土地等因素制約較小的新興產業，尤其希望將影視、遊戲等文化娛樂產業作為國民經濟發展新的發動機。

1999 年，韓國《音樂與視頻法》被重新修訂，改版為《音樂、視頻與遊戲法》，並成立遊戲產業發展與促進研究中心。從那時起，韓國遊戲產業擺脫了之前權責不清的局面，有了主管部門，通過政策扶持和資源聚集，韓國遊戲產業踏上了發展快車道。

同年，韓國文化觀光部、產業資源部、信息通訊部等多個政府部門通力合作，建立了各自下屬的遊戲綜合支持中心（主管政策、規劃等）、遊戲技術開發支援中心（主管遊戲產業園區建設和管理）、遊戲技術開發中心（主管遊戲產業技術開發），形成合力，重點扶持遊戲產業。

2000 年，韓國文化產業振興委員會成立，負責制定國家文化產業政策方向、發展計劃及文化產業振興基金運營方案，檢查政策執行情況，開展有關調查研究及其他相關工作。

2000 年 4 月和 12 月，韓國文化觀光部先後設立韓國工藝文化振興院和文化產業支援中心（2001 年擴建為文化產業振興院）。

與此同時，韓國政府投資建立文化產業支援中心在各地的分支機構，首先是 60 億韓元投資於釜山、光州、大田，2001 年繼續投資 100 億韓元於大邱、春川、富川、清州、金州，2002 年投向木浦、慶州和濟州，逐步形成中央與地方的文化產業管理運行機制，加強相互之間的協作、技術交流、信息溝通等，推動文化產業在全國均衡發展。[1]

---

1 張永文、李谷蘭：《韓國發展文化產業的戰略和措施》，《北京觀察》2003 年第 12 期。

2002 年，韓國網絡遊戲的規模超過主機遊戲，在本土之外還大量出口到中國和東南亞市場。隨著市場規模的擴大，政府開設電子競技大賽，網絡遊戲成為新的流行文化，進而帶動職業化的興起，升級為類體育形態。

由此，電子競技產業在韓國崛起，政府除了巨額投入外，在政策、稅收、配套等方面均給予了很多便利。可以說，韓國電子競技產業是自上而下政策推動的成果。

2014 年，韓國電子遊戲年產值高達 33.6 億美元，位居全球第六。經過 10 多年發展，韓國網絡遊戲產值已超過汽車製造業，躋身國民經濟的三大支柱產業。[1]

始於《星際爭霸》

韓國對電子競技最大貢獻在於職業模式的建立。簡而言之，**韓國以《星際爭霸》這款遊戲為基礎，培養一大批職業選手，舉辦世界性賽事，開創電子競技產業，形成電子競技職業化、產業化的韓國模式。**

1998 年，《星際爭霸》問世當年，適逢韓國政府在全國範圍大規模建設高速互聯網，通信基礎設施的升級使網絡遊戲成為一種廉價而流行的大眾消費形式。

在當時的韓國，年輕人到網吧玩遊戲每小時大約花費 1 美元，

---

1 《韓國人的電子競技實力為何能稱霸世界》，財經網：http://m.caijing.com.cn/article/92726。

約上三五好友到網吧開戰，成為青年人的新興娛樂方式。生逢其時的《星際爭霸》和網吧兩者同時在韓國迅速擴張。1998 年，韓國有 3,000 間網吧，因為《星際爭霸》催生的對戰需求，網吧數量在 1999 年迅速增長到 15,150 間。[1]

2000 年，韓國電子競技聯盟（KeSPA）成立。作為韓國唯一有政府背景的電競協會，KeSPA 充當著韓國電子競技的掌舵者角色，不但要管理俱樂部、舉辦比賽，更擔負著發掘和培養新人的重任。

"總統盃"（Korea eSports Games，President Cup Amateur eSports events，KEG）是 KeSPA 舉辦的一項全國性業餘電競賽事，從冠名中便可以看到韓國政府對於電子競技的支持。在賽制上，韓國 16 個州分別選拔出各個項目的選手參賽，原則上任何人都可以報名參加，是一場真正意義上的全民電競運動。

有了基礎人群和組織者，《星際爭霸》星火燎原般在韓國流行起來，出現了以參加《星際爭霸》比賽贏取獎金謀生的職業玩家，很多職業隊伍迅速成立，贊助商紛紛加入，政府也持續擴大賽事投資，鼓勵產業發展。

雖然《星際爭霸》在韓國的流行時間略滯後於北美地區，但是代理商在韓國本土銷售累計超過 250 萬套正版光盤。在遊戲市場的殘酷競爭中，《星際爭霸》成了罕見的不倒翁，從 1998 年其資料片 "母巢之戰" 推出到 2010 年之前，一直是備受全球玩家喜愛和關注的對戰遊戲。

----

1 楊敬妍等：《韓國電競產業的社會商業經濟價值研究》，《中國經貿導刊》2010 年第 18 期。

在韓國，《星際爭霸》因本身具備相對成熟的競技元素，不但成為娛樂工具，而且成為人與人之間實現虛擬對抗的競技平台。從這個意義上，已經遠遠超越了一款遊戲的價值，作為電子競技賽事化、職業化最早的實驗載體，正式開啟了電子競技的韓國道路。

重要的探路者

韓國電子競技高歌猛進的過程中，賽事是核心動力。各類賽事的爆發式增長，造就了電子競技產業的起飛。在這個過程中，賽事的組織方成為重要的探路者，專業遊戲頻道和產業巨頭分別以符合各自特點的方式，恰到好處地把握住歷史時機，推進了電子競技產業的發展。

遊戲頻道擔當重任

電視媒體扮演了極其重要的角色，為電子競技的發展和推廣立下汗馬功勞。其中幾家專業遊戲頻道最為突出，他們是電子競技領域當之無愧的先行者。當時的一切都處於摸索階段：沒有明確的比賽制度，沒有固定的比賽週期，沒有穩定的比賽形式，這三大問題只是表象，更現實的問題是：電子競技職業化體系無先例可循。

正是藉助國家政策的全方位支持和電視媒體的大力推動，在上下齊心的良性發展環境中，韓國電子競技才找到職業化的突破口，迅速建立其全球開創者及領導者的地位。

OnGameNet

1999 年初，韓國 OnGameNet（OGN）電視台以專業遊戲頻道的姿態正式成立，標誌著韓國遊戲領域有了自己的專屬媒體。在他們之前，韓國也舉辦過一些零星的電子競技比賽，可是不成氣候。OGN 一開辦，就顯示出堅定推動電子競技職業化的決心，力圖改變以往遊戲比賽只是作為電腦廠商促銷活動或者網吧宣傳活動的弱者地位。

OGN 爭取到贊助商的資金支持，把比賽場地放到大型體育館，請來世界上名氣最大的玩家參加比賽，所有措施都是為了通過電視這一傳統的強勢媒體，向更多玩家呈現更高水準、更具觀賞性的遊戲對抗。這種傳播模式造就了足球、籃球等大眾體育在全球範圍的盛行，在 OGN 看來，電子競技也應該遵循此道。

與當今其他競技體育項目不同，在當時的韓國舉辦電子競技比賽的組織方並不是類似於足協、籃協這樣的官方組織，完全由電視台來策劃、實施。這是電子競技作為新體育的新特點，這些由電視台全權負責的比賽成為收視率表現亮眼的節目，也帶去了豐厚的廣告和贊助收入。

2000 年，OGN 順利舉辦了第一屆賽制完整的明星聯賽（The Freechal OGN Star League），此後將其升級為 OnGameNet Star League（OSL），持續舉辦到 2012 年。一直到現在，OGN 仍然是韓國電子競技產業的中流砥柱。

MBC Game

在 OGN 辦賽的初期，越來越多的年輕人加入了職業隊伍，一個以官方形象示人的韓國職業選手聯合會（Korean Professional Gamer Association，KPGA）成立了，他們統計各個選手的資料和參加比賽的情況，為職業選手設立成績排行榜。

2001 年，韓國最大的民營電視台 MBC 看準時機，與 KPGA 合作開辦了一個專業電視遊戲頻道：GEMBC，2003 年改名為 MBC Game。

憑藉著長期從事電視工作的經驗和 KPGA 帶來的人氣，MBC Game 一推出也受到廣大玩家關注。2002 年，頻道推出 KPGA 巡迴賽，2003 年改名為 MBC Game Starcraft League，這就是具有代表性的《星際爭霸》職業聯賽 MSL。在十年舉辦期中，這個賽事貢獻了超過 160 萬美元的總獎金，為職業化電競提供了支持。2012 年 1 月，MBC 遊戲台宣佈停播，被音樂台替代。

Game-Q

成立於 1999 年的 Game-Q，是韓國第一家實現畫面在選手第一視角和解說視角間切換的專業遊戲頻道，其特點在於選手第一視角可以真實再現比賽中每一個細微的操作，尤其是鼠標的移動和鍵盤的配合。

Game-Q 舉辦了不同形式的《星際爭霸》比賽，都用第一視角（一場比賽分別有兩個選手的獨立機位），使得比賽更有觀賞性，引來眾多觀眾，其他電視台也紛紛效仿。種族挑戰賽、四大天王戰等經典戰役至今還為星際迷津津樂道，被看作是《星際爭霸》的教科書。

2001 年夏天，結束了第三屆自辦《星際爭霸》聯賽的 Game-Q 電視台宣佈倒閉。究其原因，一方面，選手集體抵制第一視角這種完全暴露操作習慣和要訣的轉播形式；另一個方面，在和 OGN 的競爭中，Game-Q 力量弱小，而且缺乏商業推廣。

如今，韓國的電子競技俱樂部均有財團支持。比如，SKT、KT 兩個明星俱樂部分別背靠韓國電信巨頭 SK、KT。隨著電子競技賽事化、職業化、產業化的整體模式被認可，大眾媒體的宣傳也使得很多賽事成為熱點，令不少戰隊和選手成為明星，電子競技各個環節參與者的社會地位和話語權快速升級，進而反哺整個電子競技產業。

WCG，電子競技的聖火台

2000 年，作為韓國核心企業的三星公司策劃實施了一場在電子競技發展史上具有標誌性意義的比賽：世界電子競技挑戰賽（World Cyber Game Challenge，WCGC）。日後，這個比賽將電子競技的概念推廣到全世界。

2000 年 10 月 7 日，首屆 WCGC 開幕，得到韓國政府文化、旅遊、信息產業和通信等部門的支持，三星公司贊助 700 萬美元，同時成立 ICM（International Cyber Marketing）公司，通過它來組織和管理各項活動。

賽事官方宣稱，希望世界各地的選手通過 WCGC 互相交流、學習，"從而促成一種真正的奧林匹克精神"，並希望此後每年在世界各地的著名城市舉行一次，使 WCGC 成為 "Cyber Game Olympics"，最終將電子競技發揚光大。因此，大賽又被稱為遊戲界的 "PRE-Olympics"。

WCGC 是第一個把世界範圍內的遊戲玩家召集起來的專業電子競技賽事，而不是此前的各種展覽會，開創性由此體現。WCGC 選擇的項目包含了當時最流行的體育類、即時策略類和第一人稱射擊類遊戲，在全世界擁有可觀的粉絲基數。伴隨著 WCGC 的賽事轉播，也誕生了一個新的專業遊戲頻道：GhemTV。

2001 年，WCGC 更名為世界電子競技大賽（World Cyber Games，WCG）。雖然 WCG 號稱是"世界級"比賽，但包含挑戰賽在內的前四屆均在韓國舉辦。隨著影響力的擴大，WCG 逐年走向世界其他城市，曾經在美國、意大利、德國、韓國、新加坡、中國等地舉辦總決賽。

來自中國的《魔獸爭霸 3》選手李曉峰（SKY）曾在 2005、2006 兩屆 WCG 總決賽上獲得冠軍。此外，中國共舉辦了三屆 WCG 總決賽，分別是 2009 年中國成都總決賽和 2012 年、2013 年中國昆山總決賽。李曉峰的奪冠和三次總決賽的舉辦，促進了電子競技在中國的普及與推廣。

2013 年總決賽結束後不久，WCG 主辦方宣佈，考慮到世界趨勢及商業環境等因素，2014 年起將不再舉辦相關活動，包括 WCG 年度總決賽等。有分析指出，主要原因在於賽事主贊助商三星公司的戰略調整，在此前的十幾年中，三星公司的主要利潤來源是電腦顯示屏，進入 2010 年代後核心業務轉向了智能手機，這種轉向直接導致 WCG

不在相應的投資方向上。從商業邏輯看，如同電子競技聖火台一般的WCG，即便突然熄滅，也不足為怪。

2017 年底，《穿越火線》（CrossFire）遊戲生產商韓國 Smile Gate 公司從三星的手中買下了 WCG 舉辦權，宣佈 WCG 將在 2018 年重啟，於 4 月下旬在泰國曼谷舉辦。WCG 官方網站給出了全新的口號：WCG 是為下一代的體育活動和男女老幼皆可享受快樂的文化活動相結合的新形式的全球電競文化節。這句拗口的表述，與當年意圖成為 "電子競技奧林匹克" 的上一代 WCG 初衷相去甚遠。但是之後再也沒有任何關於 2018 年 4 月 WCG 舉辦的信息。

2018 年 9 月 14 日，WCG 和西安曲江新區共同宣佈，將於 2019 年 7 月 18 日至 21 日在曲江新區舉行 WCG2019，[1] 外界將其稱為 "WCG 復活"。

WCG 是一個商業賽事，商業屬性是電子競技原始血液中的基本成分，即便具有強烈的商業背景，也不影響其成為世界電子競技發展史上的標誌性存在。**WCG 不僅奠定了電子競技的國際賽事模式，加速了職業戰隊和選手的塑造，更重要的是在世界範圍為電子競技建立起更加正面的形象，並催生產業鏈條。**

1　WCG 官網：http://www.wcg.com/us/#history。

造星運動

2006 年，韓國建造了第一個專業電子競技場館 —— 位於首爾的龍山電競館。隨著電競與遊戲人口的增加，韓國政府認為電競館需要升級以符合新需求。

2016 年，首爾 OGN 電競體育館建成，這是韓國迄今為止最大的專業電競館。該館位於首爾市麻浦區 S-Flex 大廈的 14 樓到 16 樓，總面積 7,659 平方米，內設可容納近千名觀眾的兩個館，並配備 400 英寸 LED 大屏幕、多頻道轉播室等設施。

為支持電競產業發展，韓國首爾市投入 274 億韓元，文化觀光部出資 160 億韓元，CJ E&M 出資 100 億韓元，加上其他投資方出資，合計投資達到 600 億韓元，約 3.42 億元人民幣。

完善與大型賽事相匹配的硬件支持，是推動電子競技產業持續發展的必備基礎。但歸根結底最重要因素還是：人。

韓國人認為電子競技是競爭激烈的體育賽事，在文化產業中佔有極高地位。這個行業每年給韓國帶來數十億美元的經濟收益，還產出了大批收入豐厚、形象健康的職業選手，他們是受歡迎的體育明星。

良好的社會氛圍熏陶下，韓國各個階層的年輕人源源不斷地進入電競行業，懷著成名的夢想，立志成為下一個體育明星、全民偶像，為韓國電競人才的培育持續輸入了原生力量。

----

1 首爾觀光協會旗下網站：visitseoul.net。

來自大洋彼岸的探險者

在電子競技韓國模式建立的初級階段，參加比賽的選手並沒有完全職業化，只能被稱做高水平玩家。他們其中的大多數還是在校學生，遊戲是業餘愛好。沒有人付給他們工資，比賽的獎金也不足以實現經濟獨立。電子競技職業化，在韓國尚不具備條件。

當時，北美玩家的數量更龐大，技術專業程度更高，於是出現了前往東方的探險者，就像幾百年前的大航海時代一樣。改寫韓國電子競技職業化故事的，是一個來自加拿大的小夥子。1999 年，他跨過太平洋，登上朝鮮半島，成為韓國電子競技職業化造星運動的第一個核心人物。

Grrrr 是他在遊戲中的代號，是英文單詞 "Growling"（咆哮）的網絡語言。他的真名叫紀堯姆·帕特里（Guilliame Patry），出生於 1982 年。在北美已經被光環籠罩的他，17 歲時隻身前往韓國，背後的贊助商是美國硬件廠商 AMD 公司。

在此之前，Grrrr 通過自己的經紀人正式簽約 AMD，成為該公司的形象代言人和名副其實的職業選手，以參加遊戲比賽獲取出場費和獎金謀生，其食宿及訓練設備由贊助商提供。這也是大型企業贊助電子競技選手，進而出資組建戰隊的職業化模式的開端。

剛到韓國的一段時間內，Grrrr 以出類拔萃的技藝橫掃各大《星際爭霸》比賽，很快成為家喻戶曉的明星人物。1999 年，在一場邀請賽的決賽中，Grrrr 用人們聞所未聞的克隆手法，9 個自殺蝙蝠在瞬間撞向韓國著名選手 October 的 2 個吞噬者和 5 條飛龍，從而讓己方遭到誘捕魔法減速的飛龍群反敗為勝，一舉擊潰對手。從那場比賽後，Grrrr 世界第一的位置在星際粉絲心中建立起來。

1999 年到 2000 年間，OGN 舉辦了 The Hanaro Communication Tooniverse 聯賽，當時 Grrrr 以 3：2 險勝韓國本土選手 HOT.forever，獲得冠軍。這次比賽好評如潮，成為後來 OGN 電視台的王牌節目 "Star-League" 的前身。

Grrrr 給初成氣候的韓國電子競技產業帶去了強烈的鯰魚效應，大家重新審視人才培養體系和職業化道路，這是一個全新的課題。對於玩家來說，職業化的電子競技跟之前的遊戲大不相同，並不是"想玩時就可以玩一天，不想玩時就拋一邊"。作為職業選手，要在激烈的競爭中立穩腳跟，必須刻苦練習，不停征戰。

在這個過程中，韓國的年輕電競選手養成了良好的職業習慣，他們熱衷電子競技行業，不斷湧入的新人也帶來了不小的持續性壓力。為保障自己的地位，他們對訓練的投入和專注要高於其他國家的選手，平時均以運動員的標準自我要求。

英國廣播公司（BBC）記者戴維‧李（David Lee）曾在探訪韓國電競選手的生存狀態後撰文透露，《星際爭霸》明星選手李永浩（Lee Young-ho）右手臂上有一道長長的傷疤，從手肘一直延伸到肩膀。由於他長期操作鼠標鍵盤，導致肌肉變形，只能依靠手術治療矯正。李永浩稱，這塊傷疤是他的榮譽。李永浩的教練也表示這很正常，"電子競技在韓國已經成為一種像國際象棋這樣的運動"。

戴維‧李在文中寫道：

韓國的電子競技產業已經到了〝病態〞的程度，很多專業選手和電子競技愛好者因此毀了自己的生活。在訓練室內，聽到的是一陣選手們敲擊鍵盤的〝嗒嗒〞聲，每個選手都在半私密的隔間裏努力練習，爭取成為像李永浩這樣的明星玩家。據了解，韓國職業選手每天都訓練超過 12 個小時，他們認真踐行〝付出才有收穫〞的古老道理。**1**

2001，職業化的重要節點

2001 年，是韓國電子競技職業化的重要節點。這一年，韓國上下經歷了更加轟轟烈烈的本土造星運動，這是電子競技走向職業化的必經之路，電競選手開始建立公眾形象，進入產業鏈。換個角度看，造星運動也是電子競技產業內各方力量追逐利潤和資本運作的必要手段。

在造星運動中，《星際爭霸》的版本更新也起到了推波助瀾的作用。2001 年，暴雪公司推出了《星際爭霸》1.08 版，取代了之前流行的 1.07 版。在新版本中，對抗種族的屬性有了部分改變，打破了原有的平衡性，玩家必須演練新的戰術來適應。

具體而言，Protoss 族被削弱了，Terren 族得到了加強。OGN 在版本正式更迭之前，有遠見地舉辦了 1.07 版本告別表演賽，邀請了分別是 Protoss 族的代表人物 Grrrr，Terren 族的代表人物 BoxeR。比賽

1　The real scars of Korean gaming, https://www.bbc.com/news/technology-32996009.

以本土選手 BoxeR 的 3：0 全勝告終。Grrrr 因失敗而被拉下神壇，此役揭開韓國本土電競界造星運動的大幕，主角就是 BoxeR。

在使用新版本後的比賽中，BoxeR 一路勢如破竹，戰無不勝，不僅連續獲得 OGN 兩屆明星聯賽的冠軍，而且在一場名為 "雙 slayer 對決" 的表演賽中，擊敗了遠道而來的歐洲選手〔GG〕slayer（BoxeR 的 id 前半部分也為 slayer）。BoxeR 的人氣直線上升，在廣大玩家心中儼然 "星際戰神"，其個人俱樂部的會員數屢創新高，隨之而來的是各種商業廣告邀約。

事實上，這並不是 BoxeR 一個人的成功。在他身後，OGN 對比賽的宣傳和組織也起到了至關重要的作用。韓國電子競技職業化發展到彼時，需要這樣一個新的明星人物出現。更確切地說，BoxeR 是職業化和商業化當之無愧的有效工具，也是獲得巨大市場反響的台前寵兒。雙 slayer 對決表演賽是一個成功的案例，極大程度吸引了公眾注意，達到了傳播效果，形成了商業價值。

這一年，韓國各個電子競技戰隊的職業化理念空前加強。從業者普遍認為，戰隊作為一個整體應該具有獨特的識別標誌和強大的凝聚力。更重要的是，大家對職業化模式逐漸形成共識，陸續著手以戰隊為單位培養職業選手。

此前的準職業戰隊運作中，基本都在強調以獨立個體為中心的培養模式，選手的自由度較高，處於 "有比賽就忙、無比賽就閒" 的個體戶狀態。與此同時，比賽的規模和頻率都在增長，職業選手要面對更多數量、更高強度的連續比賽，這些比賽都事關排名、積分或者晉級。

因此，足球、籃球等傳統體育中已經完全成熟的職業俱樂部模式在電子競技領域落地，統一、嚴格、科學的管理和專業、細緻、高端的服務都匹配到電子競技職業俱樂部的架構之中，高度職業化、密集賽事化、深度商業化這些常用做法融入造星運動，電子競技的產業價值被不斷放大。

職業戰隊誕生，新人湧現

2002 年，韓國電子競技職業化發展的道路並不如預想中的那麼暢通無阻。經過了相對平靜的上半年，關鍵節點出現在 2002 年 10 月舉行的 The SKY 2002 OGN Starleague 決賽。比賽被懷疑有暗箱操作，甚至還牽涉到同期舉行的 MBC 聯賽決賽選手。作為當事人之一的 BoxeR，在賽後退隊的舉動更是讓整個事件撲朔迷離。

此後，該事件中的相關人士沒有公開發表任何聲明，這種迴避式的靜默相當於給火熱的韓國電子競技澆了一盆冷水。人們意識到，職業化的電子競技和很多其他職業體育並沒有什麼不同，在利益的追逐與博弈中，潛藏著醜聞和腐敗。

自此，BoxeR 以個人身份做出了一些改變，但收效甚微。經過短暫調整，他在 2002 年的 WCG 上捲土重來，再度奪冠，並依靠超強的個人號召力成立了韓國電子競技歷史上第一支職業戰隊：Orion，戰隊由 BoxeR 以個人名義和贊助商簽約，以個人名義組建，並僱傭職業選手。

這個舉動可以視為職業化進程中的一次試探，憑藉明星效應而獨立組織戰隊，體現了職業選手與大型企業的博弈，顯示出個人訴求與資本力量的衝突。2003 年 12 月，Orion 戰隊更名為 Union，2004 年由韓國南韓電信社 South Korea Telecom 贊助並更名為 SKTelecom T1，也就是之後《英雄聯盟》的頂級勁旅 SKT。

這個時期，規制逐漸健全的職業戰隊模式出現在世界各地，電子競技進入職業化初級階段。

然而，電子競技新人輩出的迭代效應遠遠強於其他體育項目。當人們還在期待 BoxeR 的戰隊能夠 "再創輝煌" 時，一批十七八歲的男孩突然闖入。如從天降的年輕電競選手們以迅雷不及掩耳之勢，全面佔領 OGN 和 MBC 的各大賽事。他們不僅暢通無阻進入正選賽，更是把目標直指冠軍，挑戰在位的明星選手。以 NaDa、Chojja、XellOs、Junwi 等為代表的 80 後電競選手，在各類賽事中將他們曾經的偶像打得落花流水，一個接一個地拿下冠軍。

新人的出現，更加凸顯了職業化成果。他們是韓國電子競技職業化影響下成長起來的新生代，為漸入瓶頸的各類職業聯賽注入新鮮血液。

從變化之中，人們也看到，相比其他職業體育，電子競技代際更替的週期更短、新陳代謝的速度更快，選手的黃金時間也很短。這種特點進一步激發了高速運轉、賽事集中、明星頻出、資本集聚的行業熱情，從業者全部選擇相信 "唯快不破" 的理念，韓國電競圈熱鬧非凡。

頻道競爭下的賽事繁榮

在電子競技職業化的初級階段，專業遊戲頻道舉辦了賽制相對公平合理又引人入勝的比賽，選手全力發揮產生了一批"遊戲名局"，反過來也提高了收視率，組織者（媒體）和參與者（選手）之間形成了雙贏局面。

隨著比賽本身、電視台、選手的影響力擴大，更多商業機構參與進來，帶來新的資金和資源投入，推動了職業化進程。電子競技被更廣泛的人群認可和接納，又吸引了更多新生力量，形成一條環環相扣的產業鏈。

在這個圈子裏，身兼比賽組織者和傳播者的專業遊戲頻道，既是教練員又是裁判員，呼風喚雨、運籌帷幄，扮演了最重要的角色。

經過艱難的摸索階段，韓國人終於嘗到了電子競技產業的甜頭。世紀之交那幾年，電子競技在整個韓國逐漸得到大多數民眾的認可，在年輕人當中更成為炙手可熱的話題，網絡遊戲從亞文化的語境中轉身走出，披上體育運動的外衣，搭乘互聯網的航船，引領時代潮流。

OGN和MBC的角力

2001 年底，在漢城 [1] 舉辦的首屆 WCG 雲集世界各地各類遊戲高手，規模比 2000 年的 WCGC 擴大很多，比賽也更加正規。與會的不只是選手，各國代表也都在觀察韓國模式，考慮如何借鑒和複製。這

1　2005 年 1 月，韓國政府宣佈首都的中文譯名由"漢城"改為"首爾"。

一屆 WCG 成了韓國選手 BoxeR 的獨角戲，在最受關注的《星際爭霸》項目中，他過關斬將輕鬆奪冠，被媒體塑造成民族英雄，在粉絲中掀起狂熱的個人崇拜，造星運動取得驚人的成果。相應的是，WCG 成為所有賽事的榜樣，是電子競技史上當之無愧的第一賽事。

在 WCG 引領潮流的階段，OGN 電視台也在國內相對更小規模的明星聯賽方面下足了功夫。此類比賽雖然規模較小，但是在韓國國內形成的效應不容小視。更重要的是，精簡、高效但是專業的明星聯賽，具備既相對完善又便於修正的賽事規則，適用於當時韓國電子競技的初級發展階段。

此類賽事中不僅有嚴格艱苦的層層選拔機制，在決賽階段還設立了選手抽籤分組。隨機性強、刺激性高的分組形式，使得聯賽充滿活力。隨著聯賽場次不斷積累，在媒體的包裝和設計安排下，也有了德比戰、冤家對頭和剋星的說法，這些傳播手段製造出電子競技文化，在很大程度上控制了粉絲群體。

總而言之，韓國人吸收了現代體育的成功經驗，與電子競技的特色相結合，炮製出一種全新的娛樂方式。電子競技作為新型體育的觀賞性和娛樂性，由此彰顯。

2003 年，OGN 和 MBC 這兩個主要競爭對手，都推出了精心包裝策劃的聯賽。其中，最具代表性的包括 OGN 的 Star League 和 MBC 的 Prime League，兩家都意圖打造電子競技領域的 "NBA"。

以 2003 OGN Star League（OSL）為例，當時 OGN 決定把八強複賽的第一輪比賽放到韓國第二大城市釜山舉辦，這是韓國電競職業化以來第一次把重大比賽放到首都之外。看似冒險之舉，卻在釜山掀起一股熱浪，釜山大學比賽現場聚集了上萬名觀眾，火爆程度直逼決賽。在決賽現場，觀眾超過 25,000 人，可以和韓國職業棒球聯賽相比。要知道，韓國職業棒球聯賽發端於 1982 年，比電子競技要成熟得多。通過電視和網絡直播收看 OSL 比賽的觀眾人數，也創下新高。當時超過 20,000 美元的獎金，也超越了同年度國際大賽 WCG 的獎勵。決賽結束後，冠軍 XellOs 的大幅照片便登上各大體育、遊戲類媒體的版面頭條。

MBC 電視台不甘落後，他們與前身是 GhemTV 的 GameTV、韓國最大的電信運營商 KT 公司一起，推出仿效 NBA 賽制的新聯賽 Prime League（MBC PL），邀請了職業選手排行榜上人氣最旺的選手，獎金刷新了歷史紀錄，達到單項 40,000 美元。MBC PL 一度被譽為機制最完善的電子競技聯賽。但是，2005 年 MBC PL 陷入修改地圖、操控比賽的黑幕事件，公眾形象一落千丈。

2005 年，OGN 打造了另外一個大型賽事：WEG（World E-sports Games），被稱為 "繼 WCG 之後又一項韓國出品的國際頂級電競賽事"，比賽全程由 OGN 獨家轉播，是世界上最早全程轉播比賽的國際性電子競技賽事。

競爭帶來的正面效應是，兩家賽事組織方在形式和內容上推陳出新，使得比賽不會繁複冗長，對觀眾和粉絲的吸引力增強。這正好契合了各大戰隊招兵買馬、擴充實力的意願，幫助贊助商打響品牌，擴大知名度。戰隊不再單純依賴贊助商的資金投入，開發了多種商業模式，朝著贏利方向發展。贊助商也不再一股腦往戰隊砸錢，聯賽帶來的商業價值使得贊助商能夠得到回報。這是電子競技職業化步入正軌後帶來的產業價值。

至此，韓國的電子競技已經突破了體育和遊戲之間的隔閡，形成了跨界效應。電子競技的職業化和產業化由中心城市輻射到二三線城市，由此進入普及階段，這一過程同時也給整個產業向縱深發展帶去了新的能量。

《魔獸爭霸3》到來

在韓國，早期電子競技職業化的核心是《星際爭霸》，幾乎所有的行動都圍繞著這款遊戲。隨著時間推移、產業發展，其局限性和衰退感也有所顯露，業界意識到了問題的所在。在《魔獸爭霸3》2003年發佈後，韓國電子競技從業者著手變革。

如何面對《星際爭霸》的潛在替代品《魔獸爭霸3》？這個問題讓韓國電子競技圈出現了爭執與分裂，以之前《星際爭霸》職業化體系為代表的保守派與支持新興遊戲的改革派有了各自的行動，尤其是改革派開設了《魔獸爭霸3》職業聯賽，比如上文提到的 MBC PL。

但是眾人很快發現，這種變化並不是誰取代誰的“改朝換代”，每款遊戲都有不同的粉絲和受眾群體，就像在體育世界存在籃球、足球、乒乓球、網球一樣，《魔獸爭霸3》只是一個新的項目而已。《魔獸爭霸3》的出現，並沒有完全替代原有的《星際爭霸》，反而提升了電子競技賽事的豐富性，增加了電子競技產業的多樣性，讓人們看到更豐富可觀的產業前景。

此時，遊戲頻道的節目也朝著多樣化方向發展。新聞、訪談、綜藝、戰術、技術等節目類型遍地開花，打破了過去純粹以比賽錄像為主的沉悶局面。頻道在不同時段播出不同遊戲的不同類型節目,《星際爭霸》、《魔獸爭霸 3》、《反恐精英》和 FIFA,甚至《超級馬里奧兄弟》等主機遊戲都登上了電視。除此之外,一些退役選手還選擇到電視台主持節目或者解說比賽,轉型為主播和解說員,擴展了電競選手的生存空間,進一步延長了商業價值週期。

《英雄聯盟》和 SKT1 接掌

2011 年 12 月 12 日,《英雄聯盟》韓國服務器開放公測。12 月 15 日,《英雄聯盟》生產商拳頭公司(Riot Games)推出了新英雄"九尾妖狐阿狸",阿狸是伴隨著韓服公測而專門推出的"韓式"英雄。較之已經開放一年多的美國、歐洲和中國大陸服務器,韓國服務器公測時間最晚。但是韓國人僅用了不到一年時間,就在《英雄聯盟》這款新一代 MOBA 代表作中展示了強大實力,其能量來自過去十年電子競技職業化、產業化的厚實基底。

2012 年春天,韓國《英雄聯盟》職業聯賽(LoL Champions Korea,LCK)亮相。經過《星際爭霸》和《魔獸爭霸 3》鍛造的韓國電子競技,迅速地接納並利用了《英雄聯盟》的後發優勢,使 LCK 成為韓國新一代明星聯賽。

LCK 前身為 OGN 冠軍賽(OGN Champions),在 2015 夏季賽後追加了 eSportsTV 主辦。LCK 是韓國賽區通往《英雄聯盟》每年季中邀請賽和全球總決賽的唯一渠道。LCK 的亮點之一是打造出了一支傳奇隊伍：South Korea Telecom Team 1，簡稱 SKT T1 或 SKT1。[1] 這支戰隊沿襲了其前身 BoxeR 戰隊的《星際爭霸》強項傳統，《英雄聯盟》分部在成立之後很快就成為勁旅。

2013 年 OGN 夏季賽，SKT1 擊敗了當時被譽為韓國最強戰隊的 KTB 拿下冠軍，同時獲得了參加 S3 的資格賽名額。這次夏季賽讓 SKT1 名聲大噪，他們不僅有穩定的下路 Poohmandu 和 Piglet，更有著名中單選手李相赫（Faker，綽號 "大魔王"）。僅僅是 Faker 一個人的表現，就足以讓全世界重新審視這支新戰隊。Faker 在 12 場比賽中使用了 12 個不同的英雄，向全世界展示了強大的個人操作能力。

2013 年 10 月 5 日，SKT1 在 S3 全球總決賽中戰勝中國的皇族戰隊，獲得總冠軍。2015 年，獲得 S5 全球總決賽冠軍。2016 年 10 月 30 日，獲得 S6 全球總決賽冠軍，成功衛冕三冠王。2017 年 5 月在 MSI 季中邀請賽奪得冠軍，11 月 4 日，SKT 0：3 負於 SSG 屈居 S7 亞軍。2018 年，SKT 則徹底無緣 S8 全球總決賽。

《英雄聯盟》的盛行，也導致《星際爭霸》和《魔獸爭霸 3》的降溫。即便曾經無比火爆的遊戲，也會逐漸離開舞台中心。人們這時候才意識到，再高的熱度也會消散，電子競技的世界秉承一批遊戲接力另一批遊戲的週期性規律。

儘管曾經的粉絲還在，遠去的經典仍存，但是年輕群體接受新事物、參與新活動、投入新遊戲的熱情一代超過一代，重視個體感受的互聯網精神給電子競技也帶去了新的考驗：如何面對瞬息萬變的市場

1　2015 年，根據賽事規則，一個俱樂部只能保留一支隊伍，隊名縮減為 "SKT"。

口味和粉絲群體？是維持一款遊戲的持久熱度？還是不斷推出新的遊戲和賽事？

　　這項高度市場化且尚未完全定型的“新體育”，給從業者帶來很多從來沒有面對過的難題。其中一點早已明確：**很難有一款遊戲可以在電子競技賽場上長盛不衰，在迭代效應的作用下，主流項目的週期性變換是電子競技的基本特點。**

產業化的兩面性

　　由於電子競技建立在遊戲產業之上，產生的效應比其他產業具有更明顯的正負兩面性。我們先討論正面效應，當然也不會忽視負面問題。

　　職業化是產業化的前置條件，兩者也相互影響、相互促進。從1998 年到 2002 年，韓國電子競技經過快速的職業化變革，形成產業規模。在產業鏈條上，遊戲生產商、賽事組織者、媒體、選手、俱樂部、贊助商，每個環節都存在充分競爭，也形成集聚效應。《星際爭霸》的普及程度堪比韓國的國民運動圍棋，按照當時韓國媒體的報道，甚至連家庭主婦都能看懂遊戲比賽直播，認識電子競技明星。

　　隨著資本大量湧入，韓國電子競技市場競爭加劇，各大電視台和商業機構也紛紛推出各自的賽事。在這個進程中，專業遊戲頻道始終處於核心地位，把控著電子競技造星運動，同時掌握著電子競技的指揮權。電子競技俱樂部也加快了職業化步伐，和媒體結成互利關係，通過贊助商、商業活動等形式獲得收入。

在商業價值引領下，更多的年輕選手進入各大戰隊，他們都希望能成為像 BoxeR 那樣的明星選手，獲得勝利和名譽。職業化的各個環節日趨規範，產業化的基礎環境也更成熟，電子競技市場規模不斷擴大，品牌效應凸顯，優秀人才集聚。

市場規模

電子競技的市場規模主要是三個方面：遊戲產品收入，即電競類遊戲產品的業務收入；賽事收入，包括賽事贊助、版權分銷、直轉播收入、賽事門票等；衍生收入，包括教育培訓、周邊活動、商品等。

在韓國文化產業振興院發佈的《2017 韓國電子競技發展報告書》中，關於這一產業的總體表述如下：

2016 年，韓國電子競技產業規模達韓幣 830.3 億元（約合人民幣 5.04 億元），比前一年增長 14.9%；韓國市場佔全球電競市場的 14.9%，在全世界範圍逐漸擴大自身影響力；能夠間接測量廣告效果的贊助商市場規模，達韓幣 212 億元（約合人民幣 1.3 億元），在韓國國內僅次於足球和棒球排在第三位。

在韓國電子競技產業中，市場規模佔最大比重的是賽事直播，佔整體規模的 44.8%，緊接著是俱樂部預算（25.6%）、個人直播及門戶（16.4%）、線上線下媒體（7.6%）、獎金規模

（5.5%）等。

同時，電子競技產業也帶動了相關產業的發展。2016 年，韓國電子競技產業帶來的生產促進效果規模達韓幣 1,637 億元（約合人民幣 10 億元），附加價值促進效果規模達韓幣 633 億元（約合人民幣 3.8 億元），就業促進效果達 10,173 人。

2017 年，韓國電子競技選手平均年薪是韓幣 9,770 萬元（約合人民幣 59 萬元），比 2016 年增長了 52.5%。主要是因為，從海外歸來的選手和現有明星級選手的年薪多數達到了上億韓元（約合人民幣 61 萬元），帶動了平均年薪的上漲。

在韓國，普通人對電子競技的認知度也相對較高。針對普通國民進行的電子競技認知度相關調查結果顯示，非常熟悉（13.4%）、基本了解（34.8%）兩項所佔比重達到整體的 45.1%；對於電子競技的看法，基本上是有助於緩解壓力、有趣等。

這裏需要強調的是，韓國方面對電子競技的統計是將其從遊戲產業中抽離出來，主要涵蓋賽事、俱樂部、媒體這三大環節，這種統計口徑相對合理，沒有將電子競技和遊戲產業混為一談。前面已經談到，電子競技是一部分競技類遊戲成為職業賽事體系後的形態，屬於遊戲產業的一部分，以現代體育的形式存在，不適合完全照搬遊戲產業的統計口徑。

品牌效應

在韓國電子競技多年的發展進程中，政府背書是品牌效應的重要支點。金大中提出的“文化立國”戰略明確將信息產業和遊戲產業作為 21 世紀支柱產業，提出“創意文化”“新藝術產業”等口號，設立遊戲等級審查制度，全面推進遊戲產業的發展。國家資源的強力投入，將韓國電子競技的整體形象建構得異常高大。

在政府的支持下，各個層級的從業者都有亮眼表現，三星、SKT、KT 等企業利用商業品牌優勢，OGN、MBC 等媒體機構利用傳播品牌資源，不僅將各自擁有的賽事打造成全民參與的群眾活動，也成了世界頂級的賽事品牌，比如前文均已提及的 WCG、OSL、MSL、LCK 等等。

在賽事品牌化的過程中，誕生了一大批明星戰隊和選手，人格化的品牌效應更大程度地建立起電子競技的社會認同，包括 BoxeR、Faker、Bengi、NaDa、iloveoov、Flash 等等。這些明星選手在世界範圍內擁有眾多粉絲，將韓國電子競技的品牌影響力擴展到全球各地。

人才培養

任何邁向產業化的道路上，人才都是最根本的發展要素。因此，教育是產業化不可缺失的重要一環。電子競技自然也不例外。

作為電子競技的前身，韓國網絡遊戲的人才培養始於 1996 年，2000 年以後逐步實現正規化，一部分歸入電子競技領域。經過十多年的發展，韓國電子競技人才培養體系具有以下三方面特徵：

首先，層次豐富。從職業教育、高等教育到崗前培訓、在職深造，形成了全覆蓋、寬口徑的人才教育體系。教育機構各具特色，培養的人才可以滿足行業內不同層次的需求。

其次，標準明確。無論是校內的正規教育體系，還是校外培訓體系，都具備相對明確的標準。特別設立了遊戲專家資格證的考試，分為遊戲策劃專家資格證、遊戲特效專家資格證和遊戲編程專家資格證等。

最後，合作廣泛。積極促進產學合作，幾乎每個教育機構都有產學合作項目，實用性很強，目標也很明確。各種人才培養機構不僅與企業進行合作，與其他學校也有合作。

目前，韓國遊戲從業人員呈現學歷高、年輕化的特點。其中，大學學歷的佔 66.1%，從業人員中 30—39 歲的佔 57.5%，他們通常擁有較豐富的工作經驗。[1]

具體到電子競技領域來看，《2017 韓國電子競技發展報告書》中公開了 LCK 選手的學歷、收入以及日常訓練等現狀，《報告》的調查對象為 2017 年參加 LCK 的 10 支隊伍，共 74 名選手。這些數據反映出韓國電子競技人才的結構和特點：

從學歷來看，所有 LCK 選手中，31.1%（23 名）為中學學歷，45.9%（34 名）為高中學歷，18.9%（14 名）為大學或專業

---

1 《韓國遊戲產業憑什麼火？》，《人民日報·海外版》2016 年 12 月 19 日。

學校在校生身份，4.1%（3 名）為大學學歷。從數據中可以看出，高學歷職業選手還不多。

從訓練來看，LCK 選手們在工作日平均訓練時間為 12.8 小時，週末則是 12.6 小時。無論是工作日還是週末，接近一半的選手表示每日訓練時間都超過 13 小時以上，工作日訓練時間不到 11 小時的僅佔 12.7%。週末則有 18.3% 的選手訓練時間不到 11 小時。這組數據體現了韓國電子競技高度職業化的特點，並建立起了嚴格的培訓標準和規則。

從退役後的計劃來看，34.8% 的選手準備擔任監督或者教練等工作，30.4% 的選手計劃做主播，選擇離開電競行業的選手佔 15.9%，想要繼續深造的選手佔 4.3%。

從進軍海外的意向來看，76.5% 的選手表示有意進軍海外，其中最受青睞的地區是北美。願意進軍海外的選手中，92.3% 願意去北美，其次是中國（53.8%）以及歐洲（40.4%）。選擇進軍海外的理由，39.6% 的人選擇了 "學習外語以及挑戰新的環境"，35.8% 的人選擇了 "改善經濟條件"。

LCK 的選手數據只是一個側面，可以看到韓國電子競技產業人才現狀的一部分。隨著電子競技產業全球化進程加速，韓國電子競技人才的內部培養不斷成熟，對外輸出也迎來了更好的時機。從 2015 年開始，韓國職業選手加入中國戰隊，職業化成果向海外輸出。

問題出現

看上去形勢一片大好，避免不了的泡沫也在形成。隨著韓國電子競技產業的飛速發展，曾經被喧囂所遮蔽的原生問題和新生障礙，都出現在公眾視野之中。

各款遊戲的本質特點和自身短板，是電子競技發展征途上無法迴避的障礙。業界恢復討論這個始終縈繞卻很難找到答案的問題：一款遊戲能流行多久？為一款遊戲大肆投入是否能收回成本並長久獲取利潤？怎麼面對層出不窮的新款遊戲？怎麼應對遊戲的成癮問題和社會質疑？

說到底，這是電子競技的商業本質決定的。電子競技不同於其他體育運動，它受遊戲廠商主導，根本目標是推廣遊戲、圈養粉絲、獲取利潤。在商業利益的影響下，電子競技相對缺少作為現代體育的獨立性、公正性和公平性，存在更多不確定風險因素。

當人們還在討論隱性的本質問題時，還有更多顯而易見的問題層出不窮，暴露出電子競技的負面形象。即便是在韓國電子競技的黃金時代，也曾經由韓國職業選手聯合會出面組織了長達一個月的罷賽，他們指責職業聯賽總是無止盡，不給選手任何休息的假期。同時，選手代表也談到了對獎金的不滿，並要求和電視台分享轉播收入。最終，雙方退讓，達成暫時和解，沒有任何改善措施。

之後，韓國電子競技圈還曝出了職業戰隊經理人私吞選手簽約金的財務醜聞、知名選手假賽醜聞，等等。不過，給整個行業帶來極大震動的是發生在 2004 年到 2006 年的《海洋故事》事件。

從 2002 年起，韓國放寬了對遊戲廳的限制，由批准制變為註冊制，數量快速增加。即便如此，2003 年，韓國遊戲市場規模也只有 4,000 億韓元（約 4 億美元）。2004 年底，名為《海洋故事》的遊戲上市以後，遊戲市場迅速膨脹。

　　《海洋故事》是一種與老虎機相似的旋轉遊戲，投入 1 萬韓元紙幣，轉盤上各種魚蝦鱉蟹等海洋生物圖案就會旋轉，停止後只要圖案按一定順序排列，最高可獲得價值 250 萬韓元商品券。因為這款旋轉遊戲回報率高，極具投機性和誘惑力，很快演變成賭博。售價 700 萬韓元的遊戲機總銷量迅速突破了 4.5 萬台，遊戲市場營業額也由 2003 年的 4,000 億韓元一舉突破了 10 萬億韓元，其中《海洋故事》佔 80%，就連偏僻的農村都出現了這款遊戲。黑社會組織紛紛插手經營，類似的《黃金城》和《人魚傳說》等非法賭博遊戲也相繼面世。一份官方報告顯示，韓國遊戲賭博沉迷者達 300 多萬人，佔 18 歲以上成年人的 1/10。**1**

　　在報道這一事件的同時，韓國媒體深挖政府的種種政策失誤，主要焦點是：音像等級委員會審批門檻過低、把關不嚴；政府在制定和實施文化商品券有關政策時嚴重失誤。隨後，韓國警方對 30 家非法賭博遊戲企業進行了刑事立案，逮捕了 2,500 多人，沒收了 13 萬台賭博遊戲機。

　　2006 年 8 月 31 日，韓國總統盧武鉉就《海洋故事》事件正式向國民道歉。該事件重創了韓國遊戲產業。儘管並不屬於電子競技領

1　強恩芳：《“海洋故事”害慘韓國百姓》，《青年參考》2006 年 9 月 5 日。

域，但是覆巢之下，剛起步不久、尚未完全成熟的電子競技也難免受到影響。

尋找方案

在全球化浪潮中，電子競技的共享、合作理念顯得尤為重要，這也是韓國電子競技進一步向外發展並用外部力量解決內部問題的機會所在。為了聯合多方力量推動電子競技在更大範圍的發展，2008 年 11 月 13 日，國際電子競技聯盟（International e-Sports Federation，IeSF）在韓國首爾建立，並選出第一任會長，組成事務局。韓國、德國、比利時、澳大利亞、瑞士、越南等 9 個國家和地區成為第一批會員。截至 2018 年 10 月，國際電子競技聯盟已發展到 46 個成員，開辦了世界電子競技錦標賽（IeSF World Championship），並著手建立電子競技裁判、運動員、證書、身份和比賽的各項標準。[1]

面對日益強勢的遊戲廠商，這一並非官方背景的機構（實際上電子競技領域也很難有真正的官方機構）能否發揮作用，還要畫一個巨大的問號。

縱觀韓國電子競技 20 多年發展之路，從最初的職業化萌芽到產業化的激烈競爭與陣痛，再到多個知名遊戲的興衰沉浮，原本叱咤業界的遊戲頻道起伏不定，產業膨脹而產生的泡沫也一個個被刺破。前進道路上的重重障礙，也在提醒所有從業者，要面對的將是所有職業

---

1 國際電子競技聯盟官網：https://www.ie-sf.org/iesf/。

體育都曾面對以及不曾面對的問題、瓶頸和曲折：作為一種新的競技形態，職業化道路有太多不同於其他體育項目之處；由媒體一手包辦比賽更須強調公平性；類似韓國職業選手聯合會這樣的管理組織不能形同虛設……要解決的現實問題，遠比想象中的要多。

韓國模式也不是放之四海而皆準的電子競技發展教科書。韓國的經濟結構、人口資源和文化基礎，以及面臨的時代節點，使得他們在 20 世紀末期可以通過電子競技實現一輪經濟刺激和文化熱潮，但這種火熱也伴隨著負面效應。比如，韓國文化輸出在一陣熱鬧之後引發了不同程度的迴避甚至反擊，遊戲沉迷對國民性格和社會心態的消極影響也有所顯現。

伴隨著電子競技在韓國和全球的發展進程，不斷形成新的議題，出現新的障礙，產生新的挑戰，這些內在矛盾也成為電子競技前進的巨大推力。電子競技並不是單一遊戲的天下，也不是一成不變的格局，充分的市場競爭、合理的政策規制、明確的未成年人保護機制，這些都應該體現在電子競技的發展模式之中。

第七章

歐美：頂層樞紐

»»

　　自電子遊戲誕生以來，歐美一直是相關產業高度發達的地區。由於科技根基扎實、基礎設施完善、人才體系健全、創新意願強烈，歐美地區的電子競技長期佔據頂層樞紐地位。

　　在美國，電子競技的萌芽階段就建構了產業鏈的上層空間，產生了以暴雪、維爾福、拳頭、藝電為代表的遊戲生產商，建立了扎根北美的 CPL、MLG 等賽事組織，汲取了 NBA、NFL 等職業體育的養分。

　　如果說美國是電子競技的控制者，歐洲對於電子競技的貢獻則在於組織建構、賽事耕耘和人才培養，也理所當然地成為電子競技全球版圖中的樞紐之地。

　　電子競技在歐美有著良好的市場基礎。各類電子遊戲形成了文化力量，年輕一代對其有著天然的認同感。與老一輩不同，歐美年輕人從小就玩電子遊戲，對電子競技的賞識態度和參與衝動是與生俱來的。隨著這些群體的年齡增長，電子競技的基礎人群越來越大。

另一方面，電子競技也更符合歐美年輕人的觀賞習慣——他們偏愛 Twitch、YouTube 等直播平台，而不僅僅是傳統有線電視。這種趨勢形成新的產業效應，體育明星、俱樂部、媒體公司和商業品牌都對電子競技產生了極大的興趣，共同將科技、媒體、娛樂和體育混合而成的新產業引向新階段。

操盤手

在電子競技行業，美國遊戲廠商佔據絕對主導地位，並在全球賽事體系中掌握著極大話語權。這些主要廠商在前面均已介紹，不再重覆。

電子競技成形之初，遊戲更新、技術精進的同時，歐美地區也誕生了時間最早、規模最大的一批電競賽事組織方。比如，世界三大電競賽事中，除了韓國的 WCG 之外，CPL 在美國，ESWC 在法國。

如今，三大賽事只剩下 ESWC 這一棵獨苗，經過多輪資本交接後也已面目全非。儘管風雲變幻，但是這些操盤手都曾長期控制世界電競格局，對這一行業的走向起到過決定性作用。

高開低走的 CPL

職業電子競技聯盟（Cyberathlete Professional League，CPL），

由股票經紀人及銀行投資家安傑爾‧穆尼奧斯（Angel Munoz）於1997年創辦，是世界上第一個將電子遊戲比賽升級為大型競技賽事的組織。

當時30歲出頭的穆尼奧斯雖然是遊戲界的門外漢，但出色的商業頭腦和敏銳的市場嗅覺，讓他迅速從這個全新行業中抓到機會。穆尼奧斯十分看重競技類遊戲本身的發展優勢，他認為這類遊戲中所展現出的競爭絲毫不亞於傳統體育項目，也可以成為一種精彩激烈的"職業體育項目"。

由此，傳統的電子遊戲從業者發現了一片新大陸，通過"電子競技"的形式擴展活動領地，塑造一個更強大、更友好也更能為社會公眾接受的形象，背後緊跟著的自然是商業價值開發。

CPL將電子競技（Cyberathlete）、電子競技職業聯盟（Cyber-athlete Professional League）、CPL圖標三個主要概念收入囊中，成為自己擁有的註冊商標，術語"電子競技"（Cyberathlete）必須針對CPL的相關活動而使用。儘管具有獨佔性，但在很大程度上也影響了這個概念的推廣，很快被簡潔的"Esports"替代。

起步最早的CPL填補了組織者的空白，很快成為電子競技領域最有影響力的聯盟，也是大多數玩家參加網絡比賽的組織者。同時，CPL還掌握一個在線玩家聯盟，名叫CAL（Cyberathlete Amateur League）。CAL的賽事通常持續一年，其中包括一個每週兩場比賽的聯賽賽季和一個淘汰賽季。

1997年10月31日，CPL舉辦了第一次正式電競賽事"The FRAG"，比賽選擇了當時最火的第一人稱射擊遊戲《雷神之錘》，獎金總額 4,000 美元。隨後的兩年，CPL 接連為《雷神之錘》、《雷神之錘 2》、《雷神之錘 3》舉辦了一系列線下賽事，雙方互相借力，將各自都推向了新高度。

在舉辦過程中，CPL 也逐步確立了夏季賽和冬季賽的傳統，並制定了許多沿用至今的電競比賽規則。2000 年，CPL 大賽的總獎金上升到 10 萬美元，來自美國的 FPS 職業玩家 Fatallty 拿下《雷神之錘 3》冠軍，獨佔 4 萬美元獎金。

與 CPL 同時期的還有另一個電子競技組織：PGL（Professional Gamers' League）。1997 年 11 月，由 AMD 主贊助成立的 PGL，也是最早的職業電子競技聯盟之一。除了 AMD 之外，PGL 還吸引了微軟、Nvidia 等贊助商，籌集到超過 120 萬美元。[1] 1997 年，PGL 以《星際爭霸》、《命令與征服》和《雷神之錘》等為核心項目舉辦了一系列比賽。2000 年起，PGL 的資本方幾經易手，不再活躍。

2002 年，一家同樣名為 PGL 的公司在羅馬尼亞首都布加勒斯特成立，專注於電子競技賽事組織和轉播，目前以《刀塔》和《反恐精英》（CS）賽事為主。沒有公開資料表明兩家 PGL 存在關聯。

2000 年，CPL 組織者發現賽事不能局限於一款遊戲，開始尋找新的比賽項目，準備將核心賽事改編為組隊對抗的形式。很快，CPL 引入了《反恐精英》。

在前面已經詳細說過，CS 是基於《半條命》的增強版本，從 Beta 版發佈起就受到了廣泛關注，它綜合了第一人稱射擊遊戲的設計

----

1 Lee, Jonathan D. (July 23, 2015). Thresh: How the World's First Pro Gamer is Still Changing Esports. 1337 Magazine.Aller Media.

優點，相較《雷神之錘3》上手難度更低，更通俗易懂，對大眾來說，也降低了觀賞、理解和參與的門檻。憑藉這些特點，CS 迅速成為歐美玩家的新寵，至今仍是歐美地區電子競技主流項目。

隨著之後 CS 在世界範圍內的大規模流行，CPL 知名度水漲船高。2003 年和 2004 年，CPL 規模擴大，吸引到眾多贊助商和媒體，獎金額度屢次創下紀錄。

經過 8 年的努力，到了 2005 年，CPL 升級為世界巡迴賽，成為和 WCG、ESWC 齊名的世界三大電競賽事之一。也正是這一年，CPL 組織者看似大膽的選擇卻埋下了隱患，以致一蹶不振。

首先，CPL 為迎合贊助商，放棄了當時最流行的 CS 1.6 而選擇 CS：Source 作為團隊主打項目。但現實是，儘管 CS：Source 畫面強過 CS 1.6，後者卻憑藉強大的群眾基礎抵抗住了更新換代的挑戰。

同樣是為了達到贊助商要求，CPL 將《恐懼殺手》（Painkiller）作為世界巡迴賽的單人主打項目，甚至將其定為冬季總決賽唯一比賽項目。雖然當時《恐懼殺手》已經發售一年多，積攢下不少人氣，但和同期最流行的 CS 1.6 以及《雷神之錘》系列比起來，人氣和競技性還是不夠。

CPL 並不認為這是大問題，在賽事主辦方的角度看來，他們似乎有著"將新項目炒熱"的實力——當年選擇新興的 CS 作為主要比賽項目後，"因為這個決定讓美國 CS 玩家數量增加了 10 倍"，從此逐漸取代了《雷神之錘》的地位。

CPL 決定故伎重施，但這次碰了壁。當時，地球另一端的韓國電子競技在國家扶持下成長壯大，已經形成了產業規模。在韓國的推動下，《星際爭霸》、《魔獸爭霸 3》在世界範圍都擁有穩定觀眾，這兩個項目在 CPL 的地位卻很低。另一方面，CPL 下賭注的《恐懼殺手》，玩家基數遠低於他們打算放棄的《反恐精英》和《雷神之鎚》。這樣，CPL 與熱門 PC 遊戲漸行漸遠。

從 2000 年到 2003 年，CPL 一直都在與歐洲文化娛樂公司 Turtle Entertainment 合作舉辦歐洲賽事，收效良好。合作關係結束後，CPL 在歐洲的賽事也走向了終點。Turtle Entertainment 把精力放在了自創的 ESL 聯賽上，轉身成了 CPL 新的競爭對手。

2006 年 2 月，贊助商 Nvidia 與 Intel 宣佈放棄 CPL。2007 年，雪樂山和維旺迪成為了 CPL 的主要贊助商，攜手舉辦總獎金 50 萬美元的世界巡迴賽。商業的力量，能載舟也能覆舟。2007 年 CPL 總決賽項目採用雪樂山發行的兩款產品 —— 恐怖 FPS 遊戲 F.E.A.R. 和 RTS 遊戲《衝突世界》（World in Conflict）。然而，在 CPL 世界巡迴賽的意大利站即將開戰時，F.E.A.R 的 1 對 1 比賽名單上僅有 6 名參賽選手，《衝突世界》僅有兩支隊伍。

這兩款尚未成氣候的新遊戲成為壓死 CPL 的最後一根稻草。毫無人氣的世界巡迴賽讓 CPL 陷入了嚴重的財務危機，無法兌現獎金，賽後只能通過多次小額支付的方法發給參賽方獎金。

2008 年，CPL 宣佈因財務問題停止運營，所有賽事取消，一家阿聯酋投資集團從美國互動娛樂業巨頭 NewWorld 手中收購了 CPL。創始人穆尼奧斯在新 CPL 中不再擁有發言權和投票權，不再參與管理運營。

時過境遷，新 CPL 境遇更是慘淡，2011 年到 2013 年連續 3 年落戶中國瀋陽，比賽項目也由 FPS 轉為當時最流行的《星際爭霸 2》、《英雄聯盟》和《刀塔》。到 2013 年的最後一屆 CPL，比賽項目只剩下了《星際爭霸 2》，總獎金僅 6,500 美元。

CPL 是以開辦賽事、獲取贊助為主要運行方式的電子競技組織，它更像一個賽事公司，而非真正意義上的協會組織。直至今天，電子競技的絕大部分賽事組織方都帶著這種身份，其商業屬性無法迴避。

儘管 CPL 的生命線呈現高開低走，但絲毫不影響它作為電子競技全球賽事領跑者的地位，其開創意義是無法替代的。

三大賽事僅存獨苗：ESWC

電子競技世界盃（Electronic Sport World Cup，ESWC），曾經與 CPL 和 WCG 一道並稱為世界三大電子競技賽事。2013 年 CPL 和 WCG 先後終結，三大賽事只剩下了 ESWC。儘管新的電子競技賽事層出不窮，但是從賽事規模、覆蓋面和影響力等方面，都無法再現當年的輝煌。

ESWC 起源於法國，前身為歐洲傳統電子競技賽事 "Lan Arena"。1998 年到 2002 年組織了 7 屆 "Lan Arena"，超過 15,000 名網絡玩家參與其中。2001 年，在法國巴黎舉辦了第一屆電子遊戲展覽；2003 年在 Futuroscope [1] 舉辦了第一屆 ESWC，中國首次參賽；2004 年，ESWC 推廣至 49 個國家和地區，獲得空前成功；2005 年，ESWC 覆蓋超過 60

1　Futuroscope 是位於法國普瓦捷近郊 10 公里處的一個主題公園，以高科技影視媒體技術為基礎，展現未來主義建築風格。

個國家和地區，鞏固了行業領跑位置。

2006 年，ESWC 的形勢急轉直下。2006 年到 2008 年之間，由於多次拖欠選手獎金而飽受爭議，並在 2008 年宣佈破產，2009 年被 Games Solution 公司收購，收購之後宣佈不繼承 ESWC 之前的債務，並且拒絕支付 2006 年到 2008 年期間拖欠的獎金。

之後，Games Solution 利用銀行保函作為擔保，成功舉辦了 ESWC2010，中國的 Ehome 戰隊作為《刀塔》項目冠軍拿到了獎金。2011 年，Games Solution 再度拿出銀行保函，不過在開賽之前又傳出其資金不足的消息，削減了包括《魔獸爭霸 3》在內的幾個項目。

2012 年，Oxent 從 Games Solution 手中購得 ESWC 所有權。2016 年，Oxent 宣佈了一個新的品牌定位，ESWC 縮寫不變，但是內容從 Electronic Sport World Cup（電子競技世界盃）改為 eSports World Convention（電子競技世界大會）。

2016 年 9 月，Oxent 和 ESWC 被總部位於法國的國際媒體集團 Webedia 收購，運作照常進行。

ESL 催生歐洲電競中心

電子競技聯盟（Electronic Sports League，ESL），成立於 1997 年，總部位於德國科隆，旗下有 Intel Extreme Master、ESL ONE、ESL Pro League 等賽事產品。ESL 的賽事特點是世界巡迴形式，從北美的紐

© Heroes of the Storm

2018 年 3 月 4 日，IEM 舉辦地卡托維茲 Spodek 體育館外排隊入場的觀眾

約、南美的貝洛奧里藏特[1]、亞洲的台北到歐洲的漢堡、伯明翰等地，都設有分站。

2016 年 5 月，ESL 宣佈組建世界電子競技協會（World Esports Association，WESA）。作為一家平台型機構，由目前 CS:GO 圈內一系列頂尖俱樂部共同擁有，包括：Fnatic、Na'Vi、EnVyUs、Virtus. Pro、NiP、G2、Mousesports 以及 FaZe，宣稱 "為所有 WESA 認證賽事創建一套標準化的規則和政策"。首個 WESA 認證賽事就是其自辦的 ESL 職業聯賽（ESL Pro League）。由此不難發現，國際電子競

----

1 位於巴西東南部，也被稱作美景市，是巴西第四大城市，人口約 210 萬，面積 334 平方公里，米納斯吉拉斯州政府所在地，是該州的政治、經濟、文化中心。

技界並沒有讓眾人信服的組織，韓國有 IeSF，歐洲有 WESA，各不相讓，但也相安無事。

多年來，ESL 名氣最響的賽事是英特爾極限大師盃賽（Intel Extreme Master，IEM），這是第一個全球規模的電子競技精英錦標賽。2006 年，由 Intel 德國公司與 ESL 合作創立。2013 年開始舉辦此賽事的波蘭城市卡托維茲（Katowice），短短幾年時間內就藉此平台被打造成歐洲電子競技中心。

卡托維茲是波蘭第十大城市，人口約 30 萬，曾經以煤炭和鋼鐵工業為主要經濟支柱，在第二次世界大戰中遭受了嚴重破壞。2013 年之前，這裏以工業和藝術場景聞名，跟電子競技毫無關係。

2013 年 1 月 17 日，卡托維茲第一次承辦 IEM。沒有邊界的互聯網世界裏，電子競技早已在年輕人群中廣受關注，當地政府投入了大量資源，城市也處在歐洲鐵路主幹線上，方便人群抵達。各種因素綜合作用下，儘管東歐的嚴冬低溫刺骨，卻依然有超過 1 萬名觀眾在 Spodek 體育館外排隊等候入場，效果出乎組織方的預料。此後，卡托維茲也成了 IEM 的固定舉辦地，進而坐享 "歐洲電子競技中心" 的名號。

從 2006 年啟動到現在，IEM 是持續最久的系列賽事之一。來自超過 180 個國家和地區的電子競技選手、玩家和粉絲，讓 IEM 在出席率和收視率上保持了紀錄。在全球多地持續舉辦的電子競技賽事，通過電視和網絡直播讓全世界觀眾能夠看到，在很大程度上維護了電競賽事的專業性，並樹立了較好的社會形象。

被暴雪收購的 MLG

　　MLG（Major League Gaming Corp）成立於 2002 年，是北美地區成立時間較早的電子競技聯盟，也是最早將主機遊戲項目列入電子競技比賽的組織，靠著美國國民射擊遊戲《光環》迅速建立起知名度。目前，MLG 是美國最大的電子競技聯盟。

　　2013 年，MLG 建立北美最大的電子競技專用視頻播放平台 MLG.tv。目前，旗下遊戲賽事除了《光環》，還有 CS:GO 和《星際爭霸 2》、《英雄聯盟》等。2015 年的最後一天，暴雪花費 4,600 萬美元收購 MLG，新成立的暴雪電子競技分部接管 MLG 在過去十多年積累的賽事資源和 MLG.tv 視頻平台。

　　隨著《刀塔》、《英雄聯盟》等一系列遊戲在電子競技賽事中的分量越來越重，遊戲公司更加直接參與到電子競技的行業運作之中，主辦並控制比賽。《刀塔》的生產商維爾福為自己搭建的 Ti 賽事，用各種方式實現了連續破紀錄的獎金池，比如從玩家購買皮膚和道具的費用中留存一部分進入獎金池，既擴大了資金來源，也增強了粉絲的參與感和自我效能感。這種電子競技賽事獨特的商業模式，收到極強的反饋。同樣，《英雄聯盟》的生產商拳頭公司也選擇自辦賽事這條道路。（詳見第九章）

　　在上述兩款遊戲和其他更多手機遊戲的新勢力衝擊下，暴雪公司的受眾一直在被瓜分，收購 MLG 也是暴雪的反擊之舉。理論上，收購了 MLG 之後的暴雪可以更方便地推行《使命召喚》、《星際爭霸 2》、《風暴英雄》、《守望先鋒》等項目的賽事。

MLG 與 CPL 相同之處在於，都以組織賽事和收取贊助作為核心業務。不同之處在於，MLG 與時俱進創辦了媒體平台 MLG.tv。這一點在韓國和中國都得到印證，媒體平台從來都是電子競技產業發展的重中之重。以直播為主要特點的這類平台，是電子競技的網絡化、虛擬化、全球化等特點所引發的必然產物，也是電子競技拓展生存空間、形成產業規模的重要工具。

遊戲廠商、民間組織、賽事公司等多種身份主體的交錯聚合，是電子競技的行業特點，其中佔據主導地位的始終是遊戲廠商。但是說到底，每一個環節的運轉基礎仍然是全球範圍每一個具體的遊戲用戶。

元老戰隊

歐美電競的主流項目是 FPS，很多戰隊也由此而生。哪個國家 FPS 水平最高？電競界公認是瑞典。作為 FPS 代表項目之一的 CS，冠軍台上出現頻率最高的是瑞典人。

無論是在瑞典本土，還是由瑞典人作為班底的各地 CS 強隊都有很多，相對有名的是 NiP、SK Gaming、Fnatic。這三家電競戰隊也是 2006 年成立電子競技 G7 聯盟的發起者，其他的發起者還有 4Kings（英國）、Team3D（美國）、Mouseports（德國）、Made in Brazil（巴西）。

這些都是電子競技粉絲耳熟能詳的國際頂級戰隊，其中有 5 支來自歐洲，是世界電子競技的元老。21 世紀電子競技的全球航程中，他們在各自領域扮演著船長角色。不過，其中不少也已退出江湖。

SK Gaming

從最初的起點看，SK Gaming 並不是瑞典戰隊，而來自德國。SK Gaming 成立於 1997 年，當時是一個名為 Schroet Kommando 的電競俱樂部，由 7 個住在德國魯爾區的年輕人創立。最初，SK Gaming 的主打項目是《雷神之錘》。他們贏得國際名聲，始於和 Ninjas in Pyjamas 合併更名為 SK.swe 之後的矚目成績。在瑞典 CS 明星選手 HeatoN 和 Potti 的領銜下，SK 的 CS 戰隊贏得了多個主要世界大賽的冠軍，並成為 CPL 的衛冕冠軍。因此，人們更習慣將 SK Gaming 歸入瑞典戰隊的行列。

2003 年，SK Gaming 成為第一個與選手簽約的 FPS 遊戲戰隊。2004 年，SK Gaming 成為第一支收取轉會費的戰隊。2005 年，SK Gaming 旗下的 CS 分隊選手因為戰績和獎金等問題，在 HeatoN 和 Potti 兩名核心成員的帶領下集體出走，並以獨立建制恢復了之前的傳奇戰隊 —— Ninjas in Pyjamas。經過短暫的輝煌，SK 戰績逐年下滑，2009 年解散 DotA 分部，2012 年解散 CS 分部，2014 年底解散 CS:GO 分部。

SK Gaming 的興衰是職業電子競技早期狀態的一個縮影：由玩家自發組隊，收穫一定數量的勝利之後，進入資本運作、產能擴張階段，借鑒體育俱樂部的職業化做法，收購戰隊、簽訂合同、規範轉會，建立起職業化的基本規則。儘管這些做法並不是首創，但是在電子競技發展史上都屬於領跑者。從這個角度來看，SK Gaming 是當之無愧的歐洲電子競技元老。

4Kings

英國電子競技戰隊 4Kings 成立於 1997 年，最初以《雷神之錘》為主要項目，是世界上最早建立的電子競技戰隊之一。2013 年 6 月，4Kings 宣佈解散。在 16 年的征戰過程中，4Kings 以《反恐精英》和《魔獸爭霸 3》見長，贏得長久不衰的聲譽。

秉承英國人細緻甚至刻板的風格，4Kings 對旗下選手的挑選標準相對嚴苛，因此匯集了當時全球最強的一批高手，比如《魔獸爭霸 3》的明星選手 Manuel "Grubby" Schenkhuizen、Yoan "ToD" Merlo 和 Fov。

2004 年，4Kings 遠征韓國參加 OGN 和 MBC 聯賽，此行吸收了韓國明星選手 Fov 入隊。2005 年 WEG 第一季比賽，4Kings 迎來發展巔峰，賽前並不為人們看好的他們，一路高歌猛進殺入決賽，在決賽中憾負當時如日中天的 NoA。這個亞軍大大提高了 4Kings 的地位，使它真正邁入一流強隊行列。

2008 年 1 月，4Kings 宣佈解散《魔獸爭霸 3》分部，2013 年 8 月解散 CS:GO 分部。至此，4kings 正式離開世界電競舞台。

Ninjas in Pyjamas

　　Ninjas in Pyjamas（NiP，意為穿著寬鬆褲的忍者，中文名為"睡衣忍者"）成立於 2000 年 6 月。NiP 是 CS 歷史上為人熟知的隊伍，因優秀戰績而被粉絲稱為"信仰隊"。

　　2000 年成立後，當時的 NiP 只有線上比賽可打。無論是在瑞典國內還是國際的 Clanbase 盃賽上，NiP 都排名第一，還獲得了 PC Gamer Cup 和 CS League 兩項賽事冠軍。2001 年 7 月，在瑞典舉辦的 Remedy LAN 是 NiP 第一次參加線下賽事。2001 年 CPL 冬季賽，NiP 和美洲勁旅 X3 首次在線下賽事碰面，最終 NiP 拿下全場最後一局，登頂世界冠軍。2002 年，NiP 由於財務問題解體。2005 年，新生代 Ninjas in Pyjamas 在另一支強隊 SK Gaming 的框架中重組，但是這個全明星陣容卻連連失敗，成員紛紛退役或離開。起起落落、分分合合，成為第一代電競戰隊的運作常態。

　　經過幾輪調整，NiP 逐漸步入穩定發展期。從 2014 年起，NiP 開始了多元化經營，和一家瑞典本土新晉的外設品牌 Xtrfy 合作，打造戰隊專用的鍵盤、鼠標、鼠標墊、耳機等外設產品線，後者已成長為世界領先的遊戲硬件公司之一。NiP 還與瑞典政府合作，介入教育領域。除此之外，NiP 是 DRKN 服裝公司的股東，也是世界電子競技協會 World Esports Association（WESA）的創始成員。[1]

1　Nip 官方網站，https://nip.gl/about/。

Mousesports

Mousesports（Mouz）2002 年成立於德國柏林。最初，Mouz 只是一支自發組織的 CS 戰隊。2006 年建立電子競技 G7 聯盟時，Mouz 已經是歐洲電子競技強隊之一，旗下項目包括《反恐精英》、《魔獸爭霸3》、《雷神之錘》、《虛幻競技場》。

Mouz 被稱為 "CS 無冕之王"，從成立之初就始終站在電競界的頂峰，擁有眾多明星選手。它最早被熟知的是曾經一杆 AWP [1] 改寫 CS 歷史的 "狙神"：Johnny.R，還擁有被稱為 "CS 第一人" 的 NiKo，曾經的指揮 gobb 也被認為是最佳戰術領袖。

雖然陣容強大，但是 Mouz 戰隊從未在廠商認證賽事中小組出線過，在國際賽事中也從未拿過冠軍。無論是 WCG、CPL、ESWC 還是 WEG，Mouz 最好的成績均是第三名，因此也被粉絲稱為 "萬年老三"。

Fnatic

2003 年，南安普頓大學的幾名學生創建了一支戰隊，名叫 Fnatic。戰隊成立後，逐漸成為歐洲的一支勁旅，長期在各大賽事中保持前三名的成績，並在全球排名中穩居第一。在歐洲，Fnatic 曾獲最佳戰隊稱號，旗下擁有《反恐精英》、《刀塔》、《英雄聯盟》、《坦

---

1 英國出產的一種高精度狙擊步槍，CS 遊戲將其引入作為武器，深受玩家歡迎。

克世界》、《使命召喚》、《星際爭霸》、《風暴英雄》、《光環》等項目。

2009 年，戰隊引進 Christopher GeT_RiGhT Alesund、Rasmus Gux Stahl 兩位新人，這套陣容很快發揮作用，超越了另一支強隊 SK.swe。

2012 年，隨著 CS:GO 的不斷改良，許多知名戰隊如 mTw、Mouz、Mibr 等紛紛解散旗下的 CS 隊伍。Fnatic 隊內指揮的重擔則交給了崛起不久的 xizt。新團隊也不負眾望，在 CPH2012 哥本哈根遊戲節拿下冠軍，2013 年排名繼續穩居世界第一，其中 fOrest 和 dsn 是明星選手。2018 年 11 月的 S8 總決賽，Fnatic 的《英雄聯盟》戰隊敗給中國戰隊 IG，也讓更多中國人聽到了這個名字。

現在，Fnatic 的總部設在倫敦，業務涉及舊金山、貝爾格萊德、柏林、吉隆坡等地，和其他仍在征戰的元老電競戰隊一樣，Fnatic 也開展多元經營，從電腦硬件外設到服裝衍生品等均有涉及，使自身保持活力。

第八章

中國：
新興熱土

≪ ≪

　　世紀之交，中國電子競技有了最初的試探，也收穫了第一批成果。在中國引發的討論，強度、廣度和複雜程度遠大於世界其他地區。這也是本書之所以產生的現實基礎。

　　2001 年，WCG 第一次被引入中國。在之後的韓國總決賽中，FIFA 項目的林小剛、閻波和《星際爭霸》項目的韋奇迪、馬天元分獲冠軍，這是中國電競代表隊第一次在世界大賽中奪冠。

　　2004 年，孟陽（Rocket Boy）以《毀滅戰士 3》項目在 CPL 第一次獲得電子競技個人世界冠軍。

　　2005 年，李曉峰（SKY）在 WCG 奪得《魔獸爭霸 3》全球總冠軍，2006 年衛冕成功。

　　這是中國電子競技力量初登世界舞台獲得的連續性成果，形成了電子競技在國內最初的社會形象，也開啟了極具中國特色的電競時代。

　　回溯當年，可以看到中國電子競技產生的時代背景，那是一幅熱鬧非凡、面目複雜的圖像，夾雜著城市化進程、互聯網變革之中很多人都無法迴避的迷茫與衝動、游離與再造。

網吧與網遊

　　20 世紀末，中國的個人計算機普及率相對較低。根據世界銀行的統計數據，2000 年，中國的個人計算機普及率為千人 16.31 台，這一比例逐年上升，在 2006 年達到千人 56.49 台。對照同時期的高收入國家，美國的個人計算機普及率為千人 803.28 台，韓國為千人 539.50 台。[1]

　　1996 年開始，上海和北京出現了第一批面向個人提供上網服務的網吧，每小時收費 20 元至 40 元，雖然價格昂貴，但是模式新奇。隨著互聯網接入技術的逐步成熟，資費漸漸降低，網吧成為新的消遣去處。

　　進入新世紀，網吧已經遍佈全國各地。據不完全統計，截至 2000 年底，全國網民數量約 2,250 萬人，其中 20.5% 的網民通過網吧等互聯網上網服務營業場所上網。[2] 這類場所一般都聚集了數十台上百台供人們接入互聯網的電腦，形成個人按時長計費使用上網服務的公共空間。這是一個頗具意味的娛樂發明，人群聚集的意義有時甚至大

1　世界銀行數據庫，轉引自國家統計局官方網站。
2　《國務院辦公廳關於進一步加強互聯網上網服務營業場所管理的通知》，2001 年 4 月 3 日發佈。

於個人上網的用途。在全新的物理空間中，網絡遊戲找到了肥沃的土壤，向中國第一代互聯網用戶敞開了奇幻的大門。

中國電子競技的第一批力量，在全國各地的大小網吧中滋生、成長、壯大。從中國電子競技發展初級階段的地域特點來看，中西部地區的中小城市是出發地，各大城市的高等院校則成了主戰場。廣大青年一頭扎進網絡遊戲這片前所未有的享樂之地，互聯網在遊戲領域歷史性地打破了人與人之間的距離感，受到年輕一代熱烈追捧。

更重要的是，網吧這種小型公共空間給組隊提供了極大便利，一群好友相約開戰的新型社交活動逐漸流行，成了電子競技職業戰隊的早期試探。

在這個階段，基於幾款主要遊戲的商業比賽明顯增多，一批誕生於網吧的準專業戰隊啟動了電子競技最早的職業化探索。他們乘坐火車，奔波於全國各地參加比賽，贏取獎金，以此循環。比如，國內最早的《星際爭霸》明星戰隊 "=A.G=" 就來自重慶彩虹網吧。

依靠社交軟件（QQ、聊天室）、論壇（各類留言板）、影音（視聽娛樂）、局域網遊戲《紅警、星際》一系列基於互聯網和台式電腦的新娛樂工具，網吧很快吸引來大量人氣。但是，讓網吧真正壯大並一直走到今天的核心工具卻是網絡遊戲，或者稱之為 "以互聯網為基礎平台的新一代電腦遊戲"。

1998 年，《星際爭霸》最初以局域網遊戲的方式在網吧之中流行開來。2000 年前後，《反恐精英》成為新一輪的爆款遊戲。那幾年，無論走進哪家網吧，都能聽到 "GO！GO！GO！" "Fire in the hole！" 的《反恐精英》語音，放眼望去也都是 "DUST2"（中國玩家俗稱"沙漠2"）的經典對戰地圖。

以《星際爭霸》、《反恐精英》為代表的第一批互聯網遊戲，推動了網吧業的突飛猛進。但是，這個新興產業也產生了諸多與青少年直接相關的問題，具有代表性的是藍極速網吧失火事件：

> 2002 年 6 月 16 日，在北京藍極速網吧發生一起縱火事件。這次事件造成 25 人喪生、12 人不同程度受傷，縱火者是兩名被拒絕入內的未成年人。此事引發巨大社會反響。2002 年 9 月 29 日，國務院頒佈《互聯網上網服務營業場所管理條例》。2003 年 4 月 22 日，文化部發佈《關於加強互聯網上網服務營業場所連鎖經營管理的通知》。2004 年 2 月 26 日，中共中央、國務院發佈《關於進一步加強和改進未成年人思想道德建設的若干意見》。

經過一段時間的調整，網吧業進入相對平穩的發展階段，成為公共文化生活的一項基礎設施。據文化部公佈的統計數據，截至 2009 年底，全國網吧總數量達 13.8 萬家，用戶規模達 1.35 億，行業總產值達 886 億元人民幣，平均價格從 1996 年的每小時 20 元下降到每小時 2 元。**❶**

這個階段，幾款主流遊戲組成了中國電子競技的啟蒙運動圖景。尤其是《反恐精英》強調團隊配合，隊友們各司其職，協同作

---

1 中華人民共和國文化部 2010 年 6 月發佈的《2009 年中國網吧市場年度報告》。2016—2017 年，全國網吧總數量維持在 14 萬家左右。

戰。**團隊合作也成為電子競技脫離網絡遊戲的最大理由。**無論是早期的《反恐精英》，還是後來者《刀塔》、《英雄聯盟》，都必須依託出色的團隊配合才能取得勝利。

另一類網絡遊戲則沒有這麼依賴團隊配合。比如，與《反恐精英》幾乎同時進入中國玩家視野的一批以"練級"為核心模式的角色扮演遊戲。主要代表作是《熱血傳奇》，這款大型多人在線角色扮演遊戲讓眾多玩家浸泡在網吧中無法自拔。其突出的特點是，獨自一人就可無限時陷入遊戲的虛幻世界，也無需現實中的旁人配合。

在《熱血傳奇》遊戲中，一度設置了賭場（很快被叫停），虛擬的男女角色可以"結婚"，如果"離婚"須扣除 100 萬金幣，如此種種。一系列設計恰到好處地牽制了玩家的注意力和代入感，尤其是涉世未深的青少年極易為之沉醉。在社會公眾眼中，此類遊戲是讓人沉迷、練級打怪、迷醉虛幻的"電子海洛因"，形成的強烈負面形象至今仍然是電子競技背負的"原罪"。

在那時，網絡遊戲已經成為所有網吧電腦中裝載遊戲的代名詞，其本身卻是一個模糊不清的泛指概念，幾乎所有的遊戲都被稱作網絡遊戲。具體而言，包括《反恐精英》等一批日後成為電競項目在內的聯網遊戲，確實符合"網絡遊戲"的統稱；另一方面，網絡遊戲內部也存在著基本形式的區分。於是，《反恐精英》等一批競技性、配合性更強的遊戲，藉助"電子競技"的概念開始脫離"網絡遊戲"。儘管到目前為止，這種脫離尚未在社會公眾的集體觀念中被廣泛認可。

更重要的變化出現在同時期的歐洲。民間戰隊和賽事組織方開始將《反恐精英》設置為比賽項目，經過多次試探後最終定為 5 對 5 賽制，這個模式也是日後持續多年的標準比賽模型，並逐漸被驗證為可複製可推廣的電子競技賽制，從此安置於當今的各類電競項目之中。

　　同時，遊戲廠商和第三方服務商推出了錄製、下載、回看等功能，媒體機構推出觀戰系統，讓《反恐精英》以表演賽事的形式讓更多人看到。**媒體的介入、轉播的實現，是電子競技轉向體育層面的關鍵跳板。**

初登世界舞台

　　2001 年起，中國各地的高端遊戲玩家奔向世界電子競技的戰場。那時，無論是中文還是英文，並沒有廣泛使用"電子競技"（Esports）這一提法，各類賽事的名稱也五花八門，基本上都圍繞著電子遊戲概念。

　　中國選手和戰隊參與世界級賽事的過程，一方面使得部分項目逐步擺脫網絡遊戲的負面形象，激發了國內將更多力量投入這個新興行業；另一方面，也是中國的民間力量在商業資本的帶領下對全球遊戲產業的主動出擊。這些積極行動奠定了此後十幾年中國電子競技的發展基礎。

第一批世界冠軍：WCG2001

　　2000 年，世界電子競技的探路者：世界電子競技挑戰賽（World Cyber Game Challenge，WCGC）在韓國收到超出預期的市場反響，主辦方信心大增。2001 年，韓國人馬不停蹄來到中國，開設中國賽區，希望能夠迅速拓展影響力。中國迎來了第一個世界級電子競技賽事。

　　2001 年 8 月 10 日，"WCGC" 改名為世界電子競技大賽（World Cyber Games，WCG）之後，在中國大飯店舉行新聞發佈會，會上播放了《雷神之錘 3》、《反恐精英》、《星際爭霸》和 FIFA2001 的開場動畫以及賽事宣傳片。經過中國賽區選拔，第一批從名義上代表 "中國" 出戰世界級電子競技賽事的選手產生了：

　　《星際爭霸》：CQ~2000、〔SVS〕Zealot、＝A.G＝DEEP 和 ＝A.G＝MTY

　　《雷神之錘 3》：孟陽（北京）、付金鵬（瀋陽）、曹巍（深圳）

　　FIFA2001：林曉剛（廣州）、鄭偉（北京）、閻波（重慶）

　　《反恐精英》：EVIL 戰隊

　　2001 年 12 月 9 日，第一屆 WCG 全球總決賽在韓國漢城落下帷幕，來自 37 個國家和地區的超過 470 名職業選手，在 4 天內進行了激烈角逐，中國選手以 2 金 1 銅的成績獲得總分第二名，僅次於東道主韓國隊。兩塊金牌分別由 FIFA 項目的林小剛、閻波和《星際爭霸》（2V2）項目的韋奇迪、馬天元奪得，這是中國第一次在世界電子競技舞台上獲得冠軍。銅牌由 FIFA 項目的鄭偉奪得。

兩位主要代表

中國最早登上世界舞台的電子競技選手中，就標誌性意義、個人影響力而言，有兩位主要代表：孟陽和李曉峰。前者拿下了中國選手的第一個電子競技個人項目世界冠軍，後者蟬聯了當時影響力最大的世界電競大賽冠軍。

逆襲的孟陽

2004 年 11 月，孟陽（Rocket Boy）和電腦主板廠商升技（ABIT）簽約，成為當時中國身價最高的電子競技選手，在國內開了硬件廠商和電子競技選手個人簽約的先河。根據雙方的協議，升技公司將贊助孟陽參加 CPL 等國際大賽，從此 ABIT 和 Rocket Boy 將共同出現在電子競技的賽場上。

一個月後，在美國舉行的 2004CPL 冬季錦標賽《毀滅戰士 3》項目中，孟陽奪冠，成為 CPL 歷史上該項目的首位世界冠軍，為中國奪得第一個 FPS 世界冠軍，同時也是第一個單人項目的世界冠軍。

帶著這些光環回國後，孟陽通過媒體進入到公眾視野，在採訪中披露了自己的成長故事，創造歷史的冠軍形象由此而更加立體。據報道，孟陽的少年時期並不美好。家庭問題，也是當時眾多網癮少年的標籤。顯然，家庭教育的缺失、文化生活的缺位，給了網絡遊戲這類精神工具更大的發揮空間。

這是一篇關於孟陽的網絡文章節選：

其實從小他並沒有對遊戲產生任何興趣，從紅白機、街機到 PS，他幾乎沒有碰過那些在同齡孩子看來無比有趣的玩意。直到初三那一年，他輟學了，母親對他說"你去打遊戲吧"，母親的想法很簡單：還是讓他跟玩遊戲的人在一起，也強似和那些街痞再混到一起走邪道。所以，他只能選擇遊戲，他不能回頭。

……

他異常緊張激動地來到三星中國總部領取自己的冠軍獎金，這可是他這輩子第一次見到那麼多的錢，而且還是嘩嘩作響的現金。100 元的大鈔被先來領獎的選手拿走，剩下是給他的一大包厚厚的 50 元。他瞪大了眼睛，用盡人生中最集中的注意力反反覆覆地數了三次，24,000 元整人民幣。

儘管描寫有些誇張，作者依靠想象力給孟陽加了不少戲，但是從這篇短文中也可以看到，**早期電子競技的參與者在這條上升通道中實現了個人社會角色的轉換，也只有這種新機會才會垂青那些原本飄蕩在社會底層的青少年。**

由此看來，早期電子競技（網吧和網遊）在中國社會的發展進程中也產生了某種積極作用，安放了一些無處可去的人，並給了他們新的生活道路，社會進步的多樣性也由此體現。

不得不承認，電子競技的早期參與者更多因為別無選擇、尋求生計、暫時安身、找點事做、賺點快錢，這些最原始也最實際的想法促成了一批"問題青少年"走出前無古人的"成功之路"。要知道，在

2005 年 6 月 4 日，ACON5 全球電腦遊戲大賽在西安舉行，觀眾在觀看孟陽比賽

2006 年 8 月 6 日，WCG2006 三星電子盃世界電子競技大賽中國區總決賽，李曉峰（SKY）最終獲得《魔獸爭霸 3》冠軍

傳承了千百年的傳統教育視角下，這些"世界冠軍"都曾被定義為"無用之人"。

這一情況也成為日後多方爭論的焦點。打遊戲也能成為冠軍，到底該不該鼓勵？之所以具備"非黑即白"觀點論的土壤，還是源於中國社會寬容度並不高、上升通道單一的整體氛圍。

在更加寬容的社會觀念中，人的成功有多種評價方式。就中國社會的傳統和現實而言，學校教育和學習成績是核心評價標準，這種方式會長期保持下去，現實就是如此，並在不斷變化。電子競技，僅僅為少數人提供了一種新的可能，哪怕是足球、籃球等更加成熟的職業體育，也暫時未能成為更多中國青少年的人生舞台。

持久的SKY

近 20 年來，電子競技項目、職業選手已經更迭數代，其中也不乏新的世界冠軍、頂級戰隊，但是能長期以中國電競代表性形象出現的人並不多，李曉峰（SKY）是其中保持影響力時間相對較長的一位。

根據公開資料，李曉峰 1985 年 5 月 16 日出生於河南汝州。20 年後，他站上了世界頂級電子競技賽事的總冠軍領獎台，並在第二年衛冕成功。衛冕冠軍頭銜是他電競征途的頂峰，也是一個重要支點。

1998 年，李曉峰接觸到《星際爭霸》，2001 年起征戰各類比賽，成績時好時壞。直到 2004 年，他進入 Hunter 俱樂部，轉戰《魔獸爭霸3》，6 月在北京舉行的 ACON4 全球電子競技中國區總決賽上獲得亞軍，受世界電子競技大賽（WCG）邀請去韓國進行交流比賽。

2005 年是李曉峰的關鍵一年，法國 ESWC 電子競技世界盃殿軍、西安 ACON5 世界電子競技大賽冠軍、WCG 奪冠，他和韓寒、郎朗、丁俊暉等人一起成為“時尚先生”。2006 年，李曉峰在 WCG 衛冕成功，將世界電競冠軍的形象塑造得更加堅固。

2005 年到 2006 年這兩年間，是李曉峰作為一名電子競技職業選手的高光時刻。在他之前的《魔獸爭霸 3》頂級選手並不少，比如被粉絲稱為“中國魔獸第一人”的蘇昊（ID：SuhO）、當時戰網排名第一的周晨（ID：MagicYang，老楊）。他們都取得過各類世界冠軍，貢獻了很多經典戰役，在粉絲圈中都具備強大的影響力。這也是《魔獸爭霸 3》這款遊戲的階段性頂峰。李曉峰在 WCG 實現難得的衛冕，讓他名聲大噪，也增強了後續效應。

此後，李曉峰逐漸淡出比賽，2012 年擔任 WE 俱樂部《英雄聯盟》分部的領隊，進入幕後。2013 年，在成都舉辦的 WCG 中國區總決賽上，李曉峰小組賽未能出線，告別了最後一屆 WCG，也告別了世界頂級賽事中的《魔獸爭霸 3》項目。

2015 年 6 月，李曉峰發表長微博《遲來的告別，不別的堅持》，宣佈正式退役，轉型創業，創辦上海鈦度智能科技有限公司，擔任首席執行官，轉向電子競技裝備領域，此後又進軍電競教育領域。

從李曉峰的奮鬥史中可以看到，電子競技職業選手因賽事而成功的有效期很短，必須找到新的領域不斷接入原有資源，頻繁切換熱點，主動應對時代變化節奏。這也是李曉峰長期保持影響力，並在 2016 年新一輪電競發展浪潮中再度成為明星創業者的原因之一。

相對短暫的職業生涯，是電子競技選手的重大局限，也是電子競技向前發展的瓶頸之一。這種“短暫”的根源在於電子競技項目快速更替，遊戲迭代週期縮短，電競選手的職業生命力必須集中爆發。在這個短暫過程中能否成功登頂，不僅關乎選手的個人能力和奮鬥程度，也要依靠天時地利，留給自己的時間實在不多。

"時間不多"還體現為另一個短板：電子競技項目需要長時間訓練，選手的非比賽時間幾乎全部浸泡在屏幕之前，才能保證良好狀態。這樣，選手幾乎被打磨成機器。更重要的是，電子競技幾乎沒有傳統體育項目中的身體和形象展示，選手曝光機會相對較少，商業體育最需要的"明星效應"難以集中實現。如果一位選手除了比賽就是訓練（而且都隱藏在屏幕之後）、沒有更多自我提升和露面機會的話，自然無法在廣泛的社會層面形成強大而持久的個人影響力。

不確定因素較大、可奮鬥週期較短、明星效應難以建立的天生短板之下，電子競技暫時沒有成為足球、籃球一樣影響深遠、效應持久的發達職業體育。如何藉助技術科學提升選手訓練效率、運用多種手段凸顯選手商業價值，還有更多未知領域值得從業者去探索。

摸不著石頭也要過河

中國電子競技發展的初級階段，也曾出現一派熱鬧景象，賽事林立、呼聲遍野。這種根基尚淺、身份模糊、門檻不高的新娛樂方式，很容易引發圍觀和哄搶，但很快也能看到潮水退去、誰在裸泳的場景。

當人們從網絡遊戲的沼澤中爬出，蹚入電子競技這條未知的河流，才發現連一塊可以摸著下腳的石頭都沒有。激流就在眼前，身後也無退路，哪怕摸不著石頭也要過河。

賽事浮浮沉沉

2004 年，一大批電子競技賽事在中國、世界各地冒了出來。這些賽事都依託當時最流行的《星際爭霸》、《魔獸爭霸 3》、《反恐精英》和 FIFA 這 4 款遊戲，中國和韓國、歐美的一系列電子競技賽事遙相呼應，共同組成了世界電子競技的第一輪集中爆發。從公開資料中節選了一部分有代表性的賽事：

CEG（China Esports Games）：全國電子競技運動會，2004 年 4 月由中華全國體育總會主辦，北京華奧星空科技發展有限公司承辦的第一屆全國電子競技運動會地區資格選拔賽舉行，對戰類比賽包括《星際爭霸》、《魔獸爭霸 3》、《反恐精英》和 FIFA 2004。資格選拔賽分為北京、上海、武漢、瀋陽、長沙、成都、廣州和西安 8 個賽區，有 88 人從全國近 5,000 名選手中脫穎而出，進入 2004 中國電子競技國家隊選拔賽，最終的冠軍成為歷史上第一批電競國家隊成員。聯賽在選拔賽結束之後開始，8 支隊伍代表 8 大賽區打主客場比賽。

StarsWar：國際電子競技明星邀請賽，中華全國體育總會審批通過的正規賽事，全球第五項認證電子競技賽事，全球首個《星際爭霸 2》國際線下賽事。創辦於 2005 年，和許多大型的傳統電競賽事相比，StarsWar 的選手幾乎全部擁有世界冠軍頭銜或者所在國全國冠軍頭銜。2007 年，StarsWar 停辦，2010 年重啟。

PGL（ProGamer League）：中國電子競技職業選手聯賽是國內最早的電子競技賽事之一，首站魔獸天王爭霸賽於 2006 年 9 月 5 日在北京舉行，邀請了世界頂尖的 10 位選手進行為期一週的比賽，後停辦。2015 年，PGL 天王回歸爭霸賽舉辦，品牌時隔 6 年後復甦。

WEG（World E-Sport Game）：繼 WCG 之後又一項由韓國電競界打造的國際電競賽事，世界上最早全程轉播比賽的國際性電子競技大會。2006 年，此項賽事在杭州舉辦。2007 年，WEG 改變比賽方式，並更名為 E-STARS。

ACON（ABIT Contest）：主板廠商 ABIT 升技電腦聯合東風悅達起亞、英特爾、ATI、金士頓、西部數據、優派、《微型計算機》、新浪遊戲主辦，羅技、Coolermaster、浩方科技協辦。2004 年 6 月，Acon4 在上海世貿商城舉行。2005 年 6 月，Acon5 在西安舉行。

上面羅列的賽事只是這個階段具有代表性的一小部分。不難發現，在美國和羅馬尼亞都存在的“PGL”，名稱又被中國組織方用了一遍。十幾年間，不少賽事都已淡出人們的視野，被更有影響力的新遊戲和新賽事替代。這是電子競技發展的基本規律，也是互聯網時代的常態。

在沒有任何先例可循的情況下，第一代中國電競人想盡各種辦法進行各種試探，將這個全新的項目推入發展軌道，此過程中留下這些浮浮沉沉的賽事，為中國電子競技最早的試探積累了豐富經驗。

這些賽事中可以看到明顯的全球化特點，很多賽事都聯動了多個國家、地區，中國電子競技在發展初期就處於世界電子競技的全球分

© 沈凱／視覺中國

第二屆中國電子競技大會於 2003 年 12 月 13 日到 14 日在上海舉行

© 喻志勇／視覺中國

2004 年 4 月 17 日，全國電子競技運動會（CEG）湖北賽區比賽在湖北洪
山網球俱樂部室內球場開賽

工體系之中。有一點難能可貴的是，這種分工很多都是自發狀態：**戰隊自發形成，大部分組織和賽事也是自下而上產生。**

究其原因不難發現，首先，各遊戲項目的商業屬性是基本推動力，與遊戲有關的軟硬件廠商推廣經費在電子競技領域找到了新的出口，大批資金點燃了遊戲行業的新火種，下一個目標直指傳統體育萬眾歡騰的運動場。

其次，各遊戲項目的文化功能得以釋放，形成了強大的粉絲經濟，數以億計的追隨者將電子競技簇擁到娛樂活動的中心地帶，也擺放在各自個人生活的重要位置。

最後，這個階段是全球化急速推進的過程，整個世界在經濟發展、社會進步的美好圖景中重新分配資源，其中的文化產業更是講求合作、重視交流，電子競技就在繁忙而友好的鄰里氛圍之中加速前行。

開路先鋒戰隊

與賽事相對應的就是戰隊。中國的電子競技戰隊從網吧、高校出發，一路走向職業化、國際化。最初階段，戰隊僅僅是幾個有著共同愛好的遊戲玩家組成的 "玩樂小隊"，即便能夠參加大大小小的各類賽事，也很少有人想到這條路一直可以通向世界頂級冠軍台。

對於萌芽階段的戰隊而言，更重要的是在這片荊棘叢生、方向不明的荒地上生存下去。這裏挑選一個早期中國電競戰隊的案例，可以再現當年披荊斬棘、四處突圍的開路先鋒狀態。

前文提到，電子競技在中國最早的土壤是廣佈各地的網吧，尤其是中西部地區。1999 年，西安的網吧開始大規模出現。在《中國電競幕後史》中，電競從業者劉洋（BBKinG）寫道：

> 西安當時網吧已經瘋了，今天開個 200 台的，明天開個 300 台的，後天有開 800 台的，上下 3 層樓都是電腦，全是最新配置最好的電腦，網吧老闆為了吸引生意，對電子競技的拉攏可謂無所不用其極，每個網吧都會養支半職業戰隊，你進到每個網吧都會看到一面牆，上面貼著該網吧戰隊主力隊員的大幅照片和介紹。

> 為什麼那個時候西安、成都、重慶的電子競技氛圍能這麼好？因為網吧配合度高，組織電競活動的成本低，幕後工作人員鍛煉的機會多，所以氣氛越來越好。

> King 跟隊友在西安的網吧裏發現《星際爭霸》還有個戰網，在戰網上可以認識的人和世界不僅僅是現實中這幾條街的了，這深深地吸引了這幫孩子。

這裏提到的 "King" 名叫裴樂，他所在的 WE（World Elite）俱樂部可以看成中國電子競技職業俱樂部的發展縮影。

WE 的雛形，源自裴樂和遊戲隊友在西安網吧裏的突發奇想。"跟戰隊同一家網吧裏，還有個戰隊叫 ROSE，在網上還很有名，King 他們覺得這幫大男人怎麼還起了個這麼女性化的名字，於是他說要不

我們起個比較男性化的名字，於是 LION（獅子）戰隊誕生了。" [1]

LION 戰隊跟當時全國各地的多數戰隊並沒有太大不同，唯一的特色在於，戰隊的高考成績普遍較好，不少來自名牌高校，其中西安電子科技大學計算機系的隊員利用專業特長製作了論壇，大家以此為平台收納新人、壯大隊伍，"有一次遇到夏季比賽密集的時期，兩天之內 LION 戰隊在全國各個賽區同時拿到 5 個冠軍，還全是線下的。" [2]

2003 年，劉洋建立了西安高校遊戲聯盟（XUGA），當地 37 所高校加入了這個組織。大學生是電子競技的主體人群，這一特點在電子競技發展過程中一以貫之。他們也是電子競技戰隊最早的一批實踐者，儘管離真正職業化還有一段距離，戰隊只要打出好成績，商業價值就會很快凸顯。

2003 年，WCG 中國區總決賽設在了當時電子競技氛圍濃厚的西安。LION 戰隊中，來自西安外事學院的蘇昊（前文已提及的"中國魔獸第一人"SuhO）戰勝了已經名聲在外的周晨（Magic Yang）和郭斌（CQ2000），獲得《魔獸爭霸 3》項目的冠軍。他的 ID 前綴 LION，開始被外界關注。

2004 年，友菱電通贊助了 LION，改名為 YolinY 戰隊。戰隊中有風頭正勁的 SuhO，當時被粉絲稱為"中國第一 HUM"的 BinGuo，中國三大"獸人"中的兩人 DucuiOrc 和 Ford。戰隊成立一個月之後，李曉峰（SKY）也加入了 YolinY。當時，《魔獸爭霸 3》是最火爆的賽

1　劉洋：《中國電競幕後史》，長江文藝出版社 2015 年版，第 5 頁。
2　同上。

事項目，YolinY 戰隊的明星陣容使其在各大賽事中如入無人之境。

　　這個階段，蘇昊和李曉峰都是註冊於陝西省體育局的專業運動員，代表陝西參加全國電子競技運動會（CEG）。在 5 屆 CEG 賽事中，依託 YolinY 豪華陣容的陝西代表隊拿下了 4 屆冠軍。在電子競技起步階段，各級政府的官方支持力度、參與程度，由此可見一斑。

　　2005 年，以賽事回顧視頻下載業務起家的 Replays.net 被美國虛擬物品交易網站 IGE 公司收購，新公司地址設在位於上海市靜安區威海路的文匯新民聯合報業集團大樓中。新公司的第一件事情就是組建《魔獸爭霸 3》的夢之隊，當時韓國最強的 Friends 戰隊和中國最強的 YolinY 戰隊都被收入麾下，合併為 World Elite（WE）戰隊。YolinY 戰隊班底從西安轉至上海，那時的上海尚未形成電子競技的整體氛圍，"全球電競之都" 口號在 12 年後的 2017 年才被提出。

　　WE 是中國電子競技歷史上第一個職業俱樂部。這個定義出於 WE 的組織架構、運作模式是完整意義上的職業化，體現在商業資本運作、職業選手管理、職業賽事參與等方面。也就是說，在 WE 戰隊的結構中，"遊戲高手" 完全以訓練和比賽謀生、在俱樂部領取工資過活、在各類賽場爭奪冠軍和獎金，這是職業體育的樣貌。

　　除此之外，WE 戰隊的初級階段直接建立了中國和韓國分部，是全新的嘗試，而且也只能在電子競技領域可以有如此玩法。這片處女地沒有國界，沒有層級，也沒有命令，一切皆可探索，每一次探索都是開創。與 WE 同時代的老牌俱樂部還有 Ehome。經過多次內部調整至今，這兩個俱樂部仍然活躍在各大賽場。

　　當然，探索也會伴隨失敗。不少開創者在衝鋒陷陣、攻城拔寨之後，不能像 WE、Ehome 一樣走到今天。比如 5E、wNv、EVIL 這些《反恐精英》項目的明星戰隊，雖然也都創造歷史、名噪一時，但在發展過程中遭受了不同境遇，未能順利壯大。

這是一個"摸不著石頭也要過河"的階段，在早期電子競技社會形象較差、輿論壓力一邊倒的情況下，核心開荒者憑著對某一款遊戲的萬丈豪情，開闢道路、自尋前程，在世紀之交全球電子競技發展的關鍵階段，為中國電競取得了國際地位，撕開了發展空間，每一份努力都值得肯定。

尤其值得讚歎的是，這個時期的俱樂部都處於一窮二白的開創期，更多時候需要創始人和參與者不計回報、自掏腰包、咬緊牙關，堅持和投入完全是憑藉發自內心的熱愛以及對未來的憧憬。然而在批評者看來，熱愛和憧憬都不重要，關鍵是遊戲的負面影響。

這是一個複雜的社會認同問題，堅持者花費了很長時間推動其解決。也是因為這個過程，在中國社會語境中的電子競技，其身份、地位、概念和內涵都得以完善、提升，更多的問題被放上台面討論，也有越來越多的力量流轉於電子競技行業內外，此後的職業化道路、產業化局面也由此鋪墊。

第 4 部分

2010 年代，
熱浪席捲全球

電子競技瘋長，

拔節在互聯網雨露之下，

蔓延於全球化土壤之中，

遍及世界各地。

世界時鐘進入 21 世紀第二個 10 年，移動互聯網和社交網絡的能量爆發，人們的交流工具革新，技術因素不斷改變社會的文化狀態。

　　福山於 2002 年提出"後人類"概念，對人類與後人類發表了一些看法，"生物技術會讓人類失去人性 …… 但我們卻絲毫沒有意識到我們失去了多麼有價值的東西。也許，我們將站在人類與後人類歷史這一巨大分水嶺的另一邊，但我們卻沒意識到分水嶺業已形成，因為我們再也看不見人性中最為根本的部分。" **1** 無論是福山所指的生物技術領域，還是他早先沒有預見的人工智能（比如 AlphaGo 完勝頂級棋手李世石），都是技術對人性的衝擊，即"後人類"的存在背景。

　　我們將電子競技也納入這種背景之下，可以看到一系列技術"擠壓"人性的現象背後，是人類心理架構和行為模式的再造。"後

1 〔美〕弗蘭西斯・福山：《我們的後人類未來：生物科技革命的後果》，廣西師範大學出版社 2017 年版，第 101 頁。

人類"逐漸成為一種現實狀態。在新人群中，人和科技的邊界變得模糊起來，技術主義、數據主義強烈地衝擊著人文主義、自然主義。

舉個最簡單不過的例子：在現代都市，手機已經"進化"成為人的體外器官，必須通過手機才能進入現實（也是非現實）世界，人們的面孔和心情都藏在手機屏幕之後。這是一種新的"賦能"，只要具備手機、接入互聯網，人人都可以成為超級節點。曾經用於空間轉移的時間都被壓縮（比如手機點餐代替了外出覓食，快遞上門代替了現場購物，線上交流代替了見面對話），這些多出來的"新時間"無處安放，自然而然轉換成娛樂休閒。當網絡生活方式和新增娛樂需求結合在一起，基於遊戲的電子競技如魚得水，輕而易舉地佔領了人們的"新時間"。

第九章

前浪後浪
之爭

»»

　　前文已述，RTS 衍生出 DotA，後者開啟 MOBA 大幕，MOBA 促使電子競技成形。這類源自地圖編輯器的遊戲，印證了互聯網邏輯中的用戶第一思維：當來自底層用戶的創造力匯集在網絡平台上，將會迸發出無法估算的新能量。

　　在電子競技發展史上，DotA 是當之無愧的 "前浪"，是開創者也是墊腳石。緊隨其後的，是第二代 DotA 及其追隨者。2010 年前後，後繼者湧入這個嶄新的世界，形成一波又一波浪潮，後浪很快就威脅到前浪。

　　不過，後浪與前浪之間更多像是爭奪領地的消耗戰，並沒有實現完全的權力交接和代際更替。一方面，電子競技的項目更迭從來不是你死我活的結果，而是紅花綠葉的組合；另一方面，電子競技的發展過程並不長，加上 "去中心化" 的特質，使得各種項目在自有領地中獨立發展，所以尚且保留著百家爭鳴、群雄逐鹿的態勢。

　　以 MOBA 和 FPS 為基礎的很多新遊戲還增強了社交功能，大大提升了用戶黏性。在爭奪玩家群體的大戰中，各款遊戲攻城略地、此起彼伏，電子競技的版圖始終處於變動之中。

開創局面

　　基於 DotA 研發的 DotA 2，由完美世界代理運營的中國服務器於 2013 年 4 月 28 日開啟測試，中文譯名《刀塔》意味著實現了對前一代 DotA 的替代。這款遊戲是中國在世界電子競技領域建立核心地位的重要工具，甚至出現了《刀塔》由中國戰隊"一統天下"的局面。

　　DotA 更大的意義，是它培育出一個 MOBA 新物種（而且瓜分了很大一部分流量）：《英雄聯盟》。有了 DotA 作參考，《英雄聯盟》從頂層設計上就體現出對電子競技發展的突破性思考，很快成為了新一輪領導者（尤其在中國和韓國），開創出全球電子競技體系的新局面。

《刀塔》獨立

　　2010 年 11 月 1 日，由冰蛙（Ice Frog）策劃的《刀塔》正式開通博客，吸引了全世界粉絲的關注。這款基於 DotA 的全新 MOBA 項目，一方面脫離《魔獸爭霸 3》平台成為一款獨立遊戲，一方面在原作基礎上創新並完善系統。告別了前一代《魔獸爭霸 3》平台，基於 Steamworks 研發的《刀塔》，在遊戲畫面上超越了上一代，畫面更加細膩，特效也更加炫酷。

作為一款網絡遊戲，《刀塔》整合了語音系統，角色、物品以及技能均未改變，保持了 DotA 一貫的操控感和競技感，並延續了上一代產品的經典英雄，這一點籠絡了廣大老玩家，鞏固了已有粉絲群體。相比《英雄聯盟》，《刀塔》的經典角色能夠喚起存量玩家更強的親切感，尤其是對角色與寶物的傳承，使其在同時代的 MOBA 陣營中更具群眾基礎和吸引力。

"易上手、難精通"是 DotA 的核心特點，而《刀塔》將這一特色再次放大。對於新玩家而言，想把《刀塔》中的英雄全部認清已經相當困難，還要掌握裝備與技能就更讓人頭疼。對此，《刀塔》設計了全新的教練系統，在遊戲中可以互動交流，指導玩家合成裝備、使用技能，經過強化後的機器對手（AI）也非常具有挑戰性，是很好的練習對象。

中國戰隊統治《刀塔》

作為電子競技領域的先行者，《刀塔》的賽事體系很早就建立起來，並且一直在摸索和改進之中。《刀塔》國際邀請賽（The International DotA 2 Championships，簡稱 Ti），創立於 2011 年，每年一屆，是維爾福公司（國內粉絲已習慣稱之為 V 社）主辦的全球電子競技賽事，也是最大規模和最高獎金額度的電競比賽。除 Ti1 在德國科隆、Ti8 在加拿大溫哥華舉辦之外，其餘 6 次賽事都在美國西雅圖舉行。2019 年的 Ti9 在上海舉行。

除了 Ti 賽之外，《刀塔》具備 "Major" 和 "Minor" 兩個級別的賽事，還有各類授權賽事，由代理公司、遊戲媒體、電競組織等不同的執行方負責實施，在世界各地舉辦，有些類似於 F1 採用的分站賽，但不固定城市。這種賽事體系具備廣泛的覆蓋度、靈活的操作性，但也因此產生了不可避免的弱歸屬感，影響非核心粉絲的認知、加入和追隨。無論如何，**《刀塔》賽事催生了新的全球電子競技機制，實現了更高質量的賽事形態。**

中國戰隊第一次登上《刀塔》的世界頂級戰場，是 2011 年的 Ti1。

2011 年 8 月，Ti1 在德國科隆國際遊戲展 [1] 上亮相，匯聚了 16 支戰隊，冠軍獎金達 100 萬美元。最終，來自烏克蘭的 Na'Vi 戰隊以 3：1 擊敗中國的 Ehome 戰隊。當時，中國戰隊普遍還在 DotA 和 DotA 2 這兩代遊戲之間徘徊，不僅沒有專門針對 DotA 2 開展訓練，而且基本上都直接搬用 DotA 的陣容。在這種狀態下，Ehome 戰隊僅針對 DotA 2 進行了一週左右的訓練，就匆匆上陣，尚能奪得亞軍。

2012 年開始，Ti 賽事固定在美國西雅圖舉行。隨著中國服務器開啟測試，在國內很快形成《刀塔》熱潮。王思聰投資的 IG 戰隊從國內賽事一路贏到 Ti2 冠軍台之上，初步形成了中國戰隊擅長《刀塔》的群體形象。2013 年，中國戰隊在 Ti3 中的表現不佳，最終只取得第四名（Tongfu）、第五名（DK）、第六名（IG）。

1　科隆國際遊戲展（Gamescom）由創辦於 2002 年的原萊比錫遊戲展（Games Convention）發展而來，2009 年起正式移師科隆，是歐洲最大最權威最專業的綜合性互動式遊戲軟件、信息軟件和硬件設備展覽，與美國 E3 遊戲展、日本東京電玩展同稱為世界三大互動娛樂展會。

© Design Ducky

2011 年的 Ti1 在科隆國際遊戲展舉辦

© Valve

2018 年的 Ti8 在溫哥華舉辦

2014 年，Ti 賽事在前一年創造的"基礎獎金加玩家眾籌獎金池"模式獲得強烈反饋，最終募集的總獎金超過了 1,000 萬美元。當年，中國戰隊斬獲頗豐，不僅由 Newbee 和 VG 分奪冠亞軍，第四名（DK）、並列第五名（LGD）、並列第七名（IG）也被收入囊中。這一次的 Newbee 奪冠和中國戰隊大規模勝利，在國內引起巨大反響，央視等官方媒體進行了報道，被業內認為"打破了近十年不涉及電子遊戲和電子競技賽事報道的僵局"。

究其原因，不僅有高額獎金產生的新聞效應，也有電子競技漸成熱潮的社會氛圍。"打遊戲"的世界冠軍也能為國爭光，曾經飽受詬病的"網遊"第一次激發出民族自豪感，同時也引發分歧明顯的爭論。中國電子競技終於以其完整面貌展現在社會公眾面前，迎接各種讚美、質疑與風浪。

此後的幾屆 Ti，都是各國戰隊集合對抗中國戰隊的局面。Ti5，中國戰隊沒能拿到冠軍，但是包攬了第二名到第五名，獲得戰隊依次是 CDEC、LGD、VG、Ehome；Ti6，Wings 奪冠，Ehome 獲得第五名，LGD 和 Newbee 並列第九名；Ti7，中國戰隊依舊包攬了第二名到第五名，分別是 Newbee、LFY、LGD、IG；Ti8，中國戰隊 PSG.LGD 惜敗歐洲戰隊 OG，獲得亞軍。

如今在各大主流電競平台上，《刀塔》依然擁有廣泛的玩家基礎，其 Ti 賽事始終保持著世界電子競技領域最高獎金的紀錄。但是，《刀塔》基礎系統的限制以及開圖、外掛等非法程序屢禁不止，這些問題也蠶食著多年建立起來的口碑。

青出於藍的《英雄聯盟》

2018 年初，國外視頻直播統計網站 Gamoloco 統計了 2017 年全年的遊戲視頻直播網站 Twitch 觀看時長，2017 全年《英雄聯盟》的總觀看時間超過了 10 億小時，幾乎比第二位的《絕地求生：大逃殺》高出 1 倍。[1]

《英雄聯盟》的生產商拳頭（Riot Games）公司成立於 2006 年，總部位於美國洛杉磯。2009 年，拳頭發佈其首款遊戲也是代表作品《英雄聯盟》，在 2010 年代電子競技領域始終佔據核心地位，通過各種方式推動了電子競技的成熟和發展。

《英雄聯盟》源自 DotA。由 DotA-All Stars 原地圖作者 "羊刀" 史蒂夫‧甘蘇（Steve Guinsoo）擔任主創，DotA-All Stars 社區創始人佩恩‧德拉貢（Pen Dragon）加盟，同時還由曾任暴雪《魔獸世界》遊戲策劃、《魔獸爭霸 3》主策劃和數值平衡師的湯姆‧卡德韋爾（Tom Cadwell）擔任主策劃。在誕生初期，《英雄聯盟》的宣傳推廣中有 "師出名門、延續 DotA" 之類的表述，試圖吸引更多《刀塔》玩家。

拳頭公司有著明確的中方資本背景，這也是 21 世紀中國互聯網企業參與全球市場的體現。2008 年，拳頭公司融資 800 萬美元，引入騰訊等投資方，後者獲得《英雄聯盟》中國大陸代理權。2015 年 12 月，騰訊收購了剩餘股份，對拳頭公司實現了 100% 控股。

---

1 https://gamoloco.com/scoreboard/games/yearly/2017.

在與"兄弟"爭奪領地的明爭暗鬥之中,《英雄聯盟》固然具備畫質提升、設計改進的後發優勢,但是最大的法寶卻在於加好友、組隊開黑等社交屬性的強調。習慣了複雜操作的《刀塔》玩家認為,《英雄聯盟》更像社交遊戲,而不是競技遊戲。當然,後者的眾多玩家對此並不服氣。

遊戲策劃上,《英雄聯盟》顯然不甘心活在"DotA類"的"陰影"之下,在降低遊戲門檻的同時,又實現了許多顛覆式原創設計:人物屬性不再是單純的力量、敏捷與智力的抽象劃分,而是按各自的作用分成"坦克"、"輸出"、"爆發"和"輔助"等類別,玩家可以更直觀選擇自己喜愛的角色;在遊戲對線中,取消了反補設定,角色陣亡後不會損失金錢,草叢可以隱蔽,回城卷軸更是變成了"免費機票",直接綁定為一項基本技能。有批評認為這些設定使遊戲失去挑戰性,正方觀點則認為這反而讓遊戲節奏更為緊湊,玩家更專注於激戰。

遊戲視覺上,《英雄聯盟》的英雄設計具有很強的針對性,既有可愛的娃娃形象,也有霸氣的怪物,甚至還有專門對應東方文化的孫悟空形象。相比起《刀塔》的陽剛氣質,《英雄聯盟》有方便跨越年齡、性別的優勢,成功吸引了大量不同身份的玩家加入,形成廣泛的粉絲群體。

全球電競體系的開創者

社交和創新帶來的效應,再加上母公司騰訊旗下龐大的中國用戶群體,多重因素使得《英雄聯盟》成長為一時無貳的全球遊戲之王。

地位不僅來自遊戲設計本身，更來自拳頭公司在賽制上的開創性。**從賽制角度來看，《英雄聯盟》開創了全球性的賽事體系，對電子競技的深度職業化及其向體育加速靠攏的進程，均產生了積極影響。**

和《刀塔》有所接近卻又大不相同的是，《英雄聯盟》也於 2011 年起，經過多年摸索和更新，逐步創造了電子競技歷史上最龐大的單一項目全球賽事體系，更多地套用了現代體育的辦賽模式，層級清晰、運行嚴密，不僅將全球各地分為賽區發展職業聯賽，每年還舉辦全球總決賽、季中冠軍賽、全明星賽、洲際系列賽。《英雄聯盟》全球總決賽（S 賽事）從 2011 年開創以來，每年一屆，和 Ti 分庭抗禮。

截至 2018 年，《英雄聯盟》職業聯賽分為 13 大賽區，分別是中國 LPL、韓國 LCK、中國港澳台 LMS、東南亞 GPL、大洋洲 OPL、日本 LJL、北拉丁美 LLN、巴西 CBLOL、南拉丁美 CLS、北美 LCS、歐洲 LCS、獨聯體 LCL、土耳其 TCL。在每個賽區以職業聯賽的模式進行常規賽和季後賽，最終按積分決出賽區冠軍，並依照篩選機制選拔隊伍進入更高級別比賽。

2017 年起，基礎較好的 LPL、LCS 等聯賽依次推行了聯盟化改革，內容包括：取消降級、永久席位、主客場制等。這標誌著《英雄聯盟》職業聯賽格局更細緻地向職業體育賽事體系演化。據稱，俱樂部為一個永久席位將付出高達 1,000 萬美元以上的費用。

《英雄聯盟》的賽事體系，核心特點是"全線官辦"。此處的"官辦"指拳頭公司，全球龐大的賽事體系都在其系統內運行，也是拳頭公司向前輩和對手發出的"大招"。目前看來，這個"大招"是有效的。

2011 年到 2018 年間，S1 持續到了 S8。在 S1 到 S7 的 7 屆大

賽中，韓國戰隊佔據了明顯優勢，一如中國戰隊在 Ti 的表現。SKTelecom T1 和 Samsung Galaxy 兩大強隊輪坐冠軍台，中國的皇族戰隊（Royal Club）在 S3、S4 兩屆冠軍爭奪戰中均負於不同的韓國戰隊，《英雄聯盟》中國戰隊也落下了跟中國足球一樣的"恐韓症"。S5，中國戰隊全線出局。S7，中國戰隊 RNG 和 WE 戰隊獲得第三和第四名。

重要的勝利出現在 2018 年 11 月 3 日，來自中國的 IG 戰隊在 S8 總決賽中以 3：0 的絕對優勢戰勝歐洲強隊 Fnatic，代表 LPL 賽區奪得總冠軍。這是中國戰隊第一次拿下象徵《英雄聯盟》最高榮譽的"召喚師獎盃"，IG 戰隊成為全球唯一 Ti 和 S 兩大頂級賽事"雙冠王"。

儘管《刀塔》仍然保持著最高總獎金的紀錄，但是從參與人數、覆蓋區域、社會影響等角度來看，《英雄聯盟》逐漸佔據上風。更勝一籌的是，《英雄聯盟》成為了 2018 年 8 月亞運會電子競技表演賽所使用的 MOBA 項目，中國隊戰勝韓國隊奪冠，加上 S8 冠軍也由中國戰隊拿下，這一遊戲項目在中國社會獲得電競圈外的更廣泛傳播。

在 21 世紀頭 10 年，《刀塔》和《英雄聯盟》兩款遊戲是電子競技的基本配置，也是電子競技存在、發展和壯大的根本力量，開創了電子競技的全新局面。由於電子競技本身的特點決定，遊戲項目的新陳代謝是無法迴避的現實問題，但是這兩款基礎遊戲及其賽事體系通過不停改革和持續優化，改寫、豐富了電子競技的定義與內涵。目前看來，MOBA 統治電子競技的優勢還在持續，後續發展還要綜合商業、技術、文化等各方面因素作出判斷。

2011 年的 S1 現場　　　　　　　　　　　　　　　　　　© Riot Games

2018 年的 S8 現場　　　　　　　　　　　　　　　　　　© Riot Games

昔日王者的追趕

　　《星際爭霸》、《魔獸爭霸》、《暗黑破壞神》三大系列，是暴雪公司在遊戲史上的經典之作。作為行業領頭羊，暴雪在全球玩家中的影響力卻逐漸被後起之秀瓜分，看著後輩最開始的根據地就建在自家《魔獸爭霸 3》的地盤上，這一點讓昔日王者有點難堪。

　　於是，暴雪開始了一系列新的嘗試，也可以視為對後來者的反擊，這些新遊戲包括《風暴英雄》、《爐石傳說》和《守望先鋒》。

《風暴英雄》：正面爭奪

　　2010 年，面對 DotA 的火爆，《魔獸爭霸 3》生產商暴雪公司也終於按捺不住，著手研發自己的 DotA。打個不恰當的比方，就好比房產商看到業主將房子改造升級、贏得更多利潤之後，自己也忍不住來裝修、開店了。

　　這款暴雪自主研發的 DotA 類遊戲，最早在 2010 年就被提及，當時被命名為《暴雪 DotA》，與 DotA 的版權方維爾福發生糾紛，因此更名為《暴雪全明星》。2013 年 10 月 18 日，暴雪正式將其更名為《風暴英雄》（Heroes of the Storm），2014 年 10 月 17 日開啟測試，2015 年 5 月 20 日進行公測並在 6 月 3 日正式發佈。

　　基於《星際爭霸 2》全新引擎的《風暴英雄》，遊戲畫質在同期的 MOBA 中首屈一指。在遊戲對線中沿襲了《魔獸爭霸 3》的經驗系統，玩家在小兵陣亡區域內即可獲得經驗和補給，這對於控線的把握以及對線的能力有了更高要求，玩家在注重補兵的同時，更要留意如何壓制對方的等級，不確定因素也會增多。在英雄方面，暴雪整合了《星際爭霸》和《魔獸爭霸》兩個系列經典遊戲中的著名角色，也成為了吸引暴雪粉絲的利器。這款遊戲在歐美具備一定的影響力，但未形成大範圍流行。

《爐石傳說》：側面出擊

卡牌這種古老的遊戲形式，在很多遊戲廠商手中變化出新模樣。《爐石傳說》（Hearthstone）是暴雪在 2014 年推出的策略類卡牌遊戲，最初的名字中還有個後綴：魔獸英雄傳（Heroes of Warcraft）。顯然，暴雪在借用強大的已有 IP 不斷凸顯自身歷史地位，召喚曾經的粉絲。

2013 年 8 月和 9 月，這款遊戲在美洲和歐洲地區開始封閉測試。2014 年 1 月 21 日進入公測，並於 3 月 11 日發佈。故事背景基於魔獸系列的世界觀，遊戲發佈時包含 300 張卡牌，額外卡牌包可通過遊戲內獲取或者以每包 1 美元的價格購買，但是玩家之間無法交易卡牌。每一個卡牌包內有五張對應拓展包的隨機卡牌，包括至少一張"稀有卡牌"。

玩家可以選擇九種職業"英雄"作為主角，這就是"魔獸英雄傳"的含義所在。遊戲通過暴雪的戰網進行，比賽模式是比較傳統的一對一方式。

正式發佈兩年後，2016 年 4 月，官方宣佈該遊戲已超過 5,000 萬註冊玩家。近年來，《爐石傳說》也是大型電子競技賽事的項目之一，以此延續暴雪的業界地位，但由於卡牌遊戲的策略性大於觀賞性，所以很難和對抗性更強的 FPS、MOBA 爭奪眼球。

《守望先鋒》：全新模式

創新是最強的武器。暴雪公司將電子競技領域最火爆的兩大品種 —— MOBA 和 FPS 創造性地結合成《守望先鋒》（Overwatch，OW），於 2016 年 5 月 24 日全球上市。遊戲以未來地球為背景，講述人類、守望先鋒成員和智能機械的恩怨糾葛。截至 2019 年 3 月，遊戲有 30 位英雄，每一位英雄都有各自標誌性的武器和技能。

這是一款融合了策略和射擊兩種形式的新型遊戲，從設計理念就能感受到暴雪的野心，也能看到老驥伏櫪、再戰八百回合的氣勢。

遊戲首發的 2016 年，母公司動視暴雪第四季度財報顯示，《守望先鋒》成為暴雪在全球最快達到 2,500 萬用戶的遊戲，打破了《暗黑破壞神 3》創造的銷售紀錄，並獲 55 項年度大獎。這些成績來源於遊戲的創新性，以及背後暴雪的強大實力。

《守望先鋒》採用 FPS 的基本形態，玩法設計上也更接近傳統射擊遊戲，但 MOBA 中英雄角色的核心特點也被很好地發揚。在遊戲中，玩家可以選擇不同英雄，有的英雄偏遠程，玩起來就像射擊遊戲；有的英雄偏近戰，戰鬥時的風格又截然不同。

MOBA 元素的加入，讓傳統射擊遊戲中純粹比拚槍法（網速）、武器的時代加速離去，更多的角色性能差異、更多的主動使用技能、更豐富的地圖機制，給 FPS 帶來更新換代的體驗。

在《守望先鋒》身上可以看到無數個截然不同的 FPS 以及 FPS 之外的遊戲類型影子，如《使命召喚》、《戰地》、《雷神之錘》、《毀滅戰士》、《虛幻競技場》等。在吸收其他遊戲風格特色的同時，暴雪將這一串看似雜亂無章的元素，最終糅合成《守望先鋒》。

不僅如此，《守望先鋒》還增加了團隊配合元素，以此來吸引 MOBA 玩家。在遊戲中，多角色互通的 MOBA 方式將多重元素融入傳統 FPS 中，大膽且有效：簡單易懂的上手操作、快節奏的戰鬥感滿足了玩家展現個人實力的衝動；在發揮傳統 FPS 本身的對抗性、高頻率攻防轉化的同時，又結合了 MOBA 的單局快速作業以及死亡復活設定，使得遊戲本身的趣味得以拓展。

在《守望先鋒》的世界觀中，強調團隊合作與英雄主義，MOBA 與 FPS 兩大遊戲模式在矛盾中交融，不僅需要有條不紊的排列組合，還看重隊友的聯動配合，為電子競技增加了新的打法。

除此之外，暴雪還很重視對《守望先鋒》周邊的開發，電影、動畫、漫畫、手辦等都讓其 IP 更具延展性。通過將遊戲內的環節與遊戲外的開發相結合，讓沒有傳統劇情模式的《守望先鋒》可以呈現更豐滿的故事。

職業體育的聯賽機制

在《刀塔》和《英雄聯盟》的賽事體系之外，《守望先鋒》憑藉後發優勢、借鑒各方經驗，建立了一套更加接近職業體育的聯賽機制。《守望先鋒》聯賽（Overwatch League）是全球首個以城市戰隊為單位的大型電競聯賽，基於城市的戰隊名稱很大程度上延續了人們對體育賽事的認知習慣。確切地說，《守望先鋒》聯賽照搬了 NBA 的聯盟賽制，包括季前賽、常規賽、季後賽和全明星週末，以及席位制度。

按照《守望先鋒》的賽制，每年初舉辦季前賽，各大戰隊在洛杉磯暴雪競技場展開面向全球現場直播的表演賽。之後，戰隊開始籌備 1 月常規賽。

在常規賽中，大西洋和太平洋分區的賽事將於每週四到週日上演。常規賽分成 4 個階段，隊伍在各階段賽中的勝負情況將計入賽季成績，決定進入季後賽的排位。各支隊伍在每輪階段賽的最後一個週日，爭奪獎金和階段賽冠軍的頭銜。

常規賽第四階段結束後，每個分區的優勝隊伍進入季後賽戰場，向總決賽衝刺，最終獲勝隊伍將贏得該賽季《守望先鋒》總冠軍的頭銜和獎盃，以及百萬美元獎金。賽季結束後舉行的全明星週末，則完全拷貝於 NBA 和超級碗等職業體育經驗。

《守望先鋒》的席位備受關注。根據 ESPN 的報道，2017 年第一賽季每個席位費用高達 2,000 萬美元，各俱樂部要在賽季開始前的秋季繳費。2018 年，席位費用漲至 3,000 萬—6,000 萬美元。[1]《守望先鋒》聯賽的戰隊共 20 支，其中有來自上海、廣州、成都和杭州的 4 支中國戰隊，13 支北美戰隊，2 支歐洲戰隊，1 支韓國戰隊。

在聯賽機制的設計上，《守望先鋒》聯賽體現了體育認同的社會

1　數據來源於：http://www.espn.com/esports/story/_/id/23464637/overwatch-league-expansion-slots-expected-30-60-million。

心理學效應，徹底套用了傳統體育賽事模式。這種以現代體育樣式存在的電競聯賽，讓目標受眾能夠快速、明確地形成認識，並將個人認同和群體認同並置在體育認同之中，在個人、遊戲和體育之間建立起關聯，對參與者的認同感和歸屬感帶來正面影響。

也就是說，《守望先鋒》的任何一位新玩家或新觀眾，可以很快發現這款遊戲具備強大的賽事體系和專業的評價標準，便於建立起參與感，比如娛樂、審美、社交、體驗、良性壓力等傳統體育賽事常常觸發的心理感受，都可以在一款設置了明確賽制的遊戲中找到通路。

挑戰也顯而易見。作為一款次新遊戲，《守望先鋒》尚未籠絡到足夠大的觀賽人群，《英雄聯盟》花了 5 年左右才達到的聯賽效果，在暴雪的手中是否可以一步到位？答案並不樂觀。這裏可以留一個問號，拭目以待。

速成的後起之秀

"大吉大利，晚上吃雞"，這句在《絕地求生：大逃殺》（PLAYER UNKNOWN'S BATTLE GROUNDS，PUBG）遊戲勝利結尾時顯示的口號，成為了 2017 年中國都市青少年遊戲玩家的流行語。這一年，目標人群被兩款遊戲控制，一款是騰訊出品的《王者榮耀》，一款就是韓國藍洞公司的《絕地求生：大逃殺》。玩家用玩笑的口吻形容自己，不是"落地成盒" **1**，就是奔跑在"吃雞"的路上。

當《絕地求生：大逃殺》這款遊戲病毒式傳開之後，甚至連不玩遊戲的人也知道了"吃雞"這個詞的最新所指。人氣爆棚讓這款本身就具備部分競技功能的遊戲，理所當然地加入到電子競技的陣營之中。

但是，由於基本設定的缺失，自由度偏高、競技性偏低的《絕地求生：大逃殺》離《刀塔》、《英雄聯盟》和《反恐精英：全球攻勢》這類強對抗遊戲組成的電子競技主項目有著不小的區別。換個角度來看，《絕地求生：大逃殺》繼《王者榮耀》之後再度拉低了電子競技的對抗水平，此降級趨勢也在電子競技領域蔓延。

自 2017 年 3 月開始公測，《絕地求生：大逃殺》玩家人數節節攀升，每月都保持 20% 以上的增長速度，最高同時在線人數超過 300 萬，一度排到 Steam 第一位，超過了《刀塔》和《反恐精英：全球攻勢》。

隨著熱度不斷提升，各方都在積極尋求"吃雞"電競化的可能。2017 年 8 月 23 日至 26 日，電子競技聯盟（ESL）在德國科隆國際遊戲展上舉辦總獎金 35 萬美元的 PUBG 邀請賽。這是《絕地求生：大逃殺》第一次以國際賽事的方式登上世界舞台。

為期 4 天的比賽包括單人模式、雙人模式、雙人第一人稱模式和四人小隊模式，每種模式進行三局對抗，三局比賽總積分最高的選手或組合獲得冠軍。第一天單排比賽中，韓國"豬皇"EverMore 奪得

---

1 網絡遊戲俚語，指的是落地沒超過幾十秒就讓人殺了，遊戲裏死去的人會變成一個小盒。

冠軍；第二天，外卡組合 yukiiie 與 THZ 奪得雙人組第三人稱模式冠軍；第三天，雙人第一人稱模式冠軍由 C9 組合 chappie 與 SOLID 獲得。在最後一天的比賽中，中國戰隊 "功夫熊貓" 排名第二，最終總積分位列第八。2018 年 8 月，這項邀請賽繼續舉辦，總獎金上升到 50 萬美元。

前面提到，科隆國際遊戲展也是《刀塔》首屆 Ti 賽事的舉辦地。儘管如此，很多人對《絕地求生：大逃殺》是否算得上一款合格的電競遊戲還是展開了爭執──部分玩家認為，這款遊戲具備了電競遊戲的幾大要素：公平起點（一人一傘，裝備全靠撿）、團隊協作、資源分配和發掘、戰術安排等，具備這些要素就能算一個合格的電子競技項目。

不過，也有部分玩家認為，這個遊戲中運氣成分佔比遠遠大於其他的電子競技項目，雖說運氣也是實力的一部分，但如果必須得拚運氣的話，將會極大程度影響遊戲的競技性。部分玩家還吐槽，遊戲套路單一、地圖太大、規則太簡單，而且缺乏觀賞性。

這些負面評論根本無法阻擋一款熱門遊戲走向電競舞台中心的腳步。自發佈起，《絕地求生：大逃殺》一連十幾週拿下 Steam 銷量冠軍，更是以超過 1,500 萬份的銷售量傲視群雄，成為一款現象級遊戲。

遊戲創始人布蘭登·格里納（Brendan Greene）在接受歐洲遊戲網站 Eurogamer 採訪時表示，希望《絕地求生：大逃殺》不僅僅是一款大逃殺遊戲，而能成為一個電競項目。格里納說：

我們在花大功夫調查，如何為其設定一個電競基礎架構，組建了來自美國、歐洲和亞洲等全球各地的電子競技團隊，大家很努力地開發電競賽事所需要的工具和元素。希望在 2020 年之前，《絕地求生：大逃殺》成為一個電子競技遊戲，能夠在大型體育館中舉辦專業賽事，建立年度聯賽。這是創始團隊的夢想。**1**

　　格里納的謹慎態度也許是在放煙霧彈，《絕地求生：大逃殺》賽事迅速擴張、毫不遲疑。2018 年，以《絕地求生：大逃殺》為項目的電子競技賽事遍地開花。7 月 25 日到 7 月 29 日，在德國柏林舉辦了官方首屆《絕地求生：大逃殺》全球邀請賽（PGI），根據歐美玩家習慣第一人稱視角（FPP）、亞洲玩家偏好第三人稱視角（TPP）的情況分別設組。來自中國的 OMG 戰隊獲得第三人稱組冠軍，這是中國俱樂部在 2005 年 wNv 獲得 CS 世界冠軍後，時隔 13 年再度獲得 FPS 領域頂級榮譽。

　　2018 年 11 月 7 日，藍洞公司公佈了 2019 年《絕地求生：大逃殺》全球職業賽事計劃。全球將被分為中國大陸、港澳台、北美、歐洲、韓國、日本、東南亞、拉丁美洲和大洋洲 9 個大區進行全年三個階段的比賽，賽制將統一採用 64 人 FPP 模式，前 6 個賽區為職業聯賽，後 3 個賽區為職業巡迴賽。

　　不過，數據顯示 "吃雞" 用戶活躍度達到頂峰之後在下降。2018

1　https://www.eurogamer.net/articles/2018-04-16-playerunknown-on-whats-next-for-pubg.

年 9 月 18 日,《絕地求生:大逃殺》的全球日活躍用戶首次跌破 100 萬關口,跌到 96 萬人次附近。至 2019 年 3 月,日活基本處於 80 萬人次左右。**1** 在遊戲項目日益豐富、玩家選擇更趨多元、停留時間不斷縮短的新形勢下,《絕地求生:大逃殺》暫時無法複製前輩一樣的深遠影響。

2018 年,另一款和《絕地求生:大逃殺》類似的 FPS 遊戲——《堡壘之夜》(Fortnite)成為全球範圍的新王者。建立於 1991 年的美國老牌遊戲公司 Epic Games,在原創的虛幻引擎基礎上於 2011 年啟動《堡壘之夜》創作,歷經 6 年打磨而成,在 2017 年推出後很快成為國際玩家追逐的新寵。

從直播平台 Twitch 公佈的統計數據中可以發現,《堡壘之夜》2018 全年總觀看時長超過 11 億小時,以絕對優勢位列第一;《英雄聯盟》從 2017 年的超 10 億小時跌至 8.62 億小時,讓出王位;《絕地求生:大逃殺》則為 3.76 億小時,排在《刀塔》和玩家生活實況直播(In Real Life,IRL)之後,位列第五。

遊戲界的新生兒只需一年時間就能成為王者,看似新奇卻也正常。電子競技領域已連續多年被《英雄聯盟》這類巨無霸佔據,新入局的遊戲雖然有些高山仰止,但又年輕氣盛,憑藉自身的強大實力,加上玩家的嘗鮮心態,得以迅速上位。可以預見的是,一個又一個後起之秀會從天而降,新的活力也由此而來。比如 2019 年初突然走紅的 Apex Legends 和《刀塔自走棋》。電競產業的各個環節也將以更快的

1　https://steamdb.info/.

速度切換熱點、不斷更新模式，非常考驗可持續發展的能力。

　　作為娛樂方式，電子競技的產生和發展本身就受益於打破傳統、突破邊界的創新精神，也包括共享、共治的互聯網精神。**在已經產生巨型頭部力量的現狀下，需要打破既有利益格局，歡迎新力量，喚醒電競行業血液中天然的創造基因，推動電子競技版圖不斷進化。**基於互聯網精神的瞬息萬變，是電子競技的存在理由，也是不斷挑動業內人群興奮神經的發展魅力。當然，這一切都要經受市場的無情檢驗。

手機上的狂歡

　　自從移動互聯網的主導地位在社會生活中建立起來，任何一個意圖取得商業成就的產品，都必須重視由手機、網絡和用戶交織而成的遼闊天地。在這片天地裏，聚集著時間、利潤，還有人心。

　　2014 年起，國內手機遊戲層出不窮，遊戲廠商在手機端開始收割流量。這些遊戲中影響相對較大的有：《王者榮耀》、《陰陽師》、《自由之戰》、《夢三國》、《混沌與秩序》、《決戰！平安京》、《足球世界》、《絕地求生：刺激戰場》等。

　　手機遊戲在人群中急劇擴散，全球移動電子競技產業生態不斷完善，後人類的生存已完全立足於手機之上，移動電競就是這塊小屏幕之下的享樂方式之一。

移動端 MOBA

掌握全球最大手機用戶群體的騰訊公司，在收購《英雄聯盟》廠商拳頭公司之後，將這款引領全球電子競技的遊戲弱化成手機端的《王者榮耀》，拉開了移動電競的大幕。

"弱化"並不是刻意貶低這款現象級手機遊戲，而是更加凸顯其實際情況：基礎架構源自《英雄聯盟》，在操作性和普及性方面降低到適合全民參與的水準。重視用戶體驗，這一騰訊慣用的產品思維，也在《王者榮耀》每個細節之上實現。但是這種思維也有短板，因為用戶是需要優質內容引導的，劣幣很容易驅逐良幣。

《王者榮耀》是一款 MOBA 類手機遊戲，於 2015 年 11 月 26 日在 Android、IOS 平台上正式公測，遊戲前期使用名稱有《英雄戰跡》《王者聯盟》。從早期名稱的搖擺不定之中，就可以明顯看到《英雄聯盟》的痕跡。

這款類 DotA 手遊的玩法以競技對戰為主，玩家之間進行 1V1、3V3、5V5 等多種方式的 PvP 對戰，還可以參加訓練營、娛樂模式、冒險模式，進行 PvE 闖關，在滿足條件後可以參加遊戲的年度排位賽等。

《王者榮耀》的對戰地圖有一張 1v1 地圖：墨家機關道，一張 3v3 地圖：長平攻防戰，多張 5V5 地圖包括王者峽谷、深淵大亂鬥、火焰山大戰、契約之戰等等。不同的地圖有不同的玩法。

這種基於地圖的 MOBA 模式，通過手機端的操作簡化處理，顯得更加平易近人。"平易近人"一旦墜入移動互聯網的汪洋大海，既是《王者榮耀》的優勢，也是它的問題所在。

社會影響與新的爭論

2016 年 11 月，《王者榮耀》登上了 2016 中國泛娛樂指數盛典"中國 IP 價值榜遊戲 Top10"。根據官方公佈的數據，其很快達到上億玩家規模。由於這款遊戲的門檻較低、方便獲取和參與，未成年人成為極易被捲入的對象。

與此同時，《王者榮耀》啟動了"電競化"進程，2016 年推出職業聯賽（KPL），全年分為春季賽和秋季賽兩個賽季，每個賽季分為常規賽、季後賽及總決賽三部分。

在 2018 年的春季賽中，KPL 啟用東部賽區和西部賽區的主客場制度，官方表示："是為了讓更多用戶近距離地接觸移動電競，感受電子競技的魅力"。在地域化改造的同時，KPL 升級了賽事榮譽體系，增設"常規賽 MVP"、"常規賽最佳陣容"等獎項，意在提升賽事的專業性與儀式感。

不斷變革的新賽制，體現出《王者榮耀》賽事向職業體育聯賽看齊的努力，也可以明顯看到《英雄聯盟》聯賽制度的影子。從 2018 年起，LPL 和 KPL 成為騰訊旗下電子競技的雙引擎，開始深度控制中國電子競技產業的生態鏈。

對於《王者榮耀》的電競化過程，從積極角度而言是電子競技群眾基礎的擴大；反對者則認為是利潤至上的擴張主義。擺在人們面前的現實是，無論作為電子競技的《王者榮耀》是否被嚴肅的評價體系所接受，它豐富了尚未完全成形的電子競技，也改造了發育中的移動互聯網文化，直接影響到中國社會的文化生活。

遊戲本身具備的吸引力、電子競技賽事產生的影響力，再加上移動互聯網初級階段手機遊戲文化的爆發力，使得《王者榮耀》成為一種流行現象，引發的所謂"移動電競浪潮"席捲國內，從小學生到老年人，從一線城市到內地城鎮甚至農村，這款遊戲造就了一場前所未有的全民娛樂。

在遊戲設計中，《王者榮耀》涉及眾多歷史人物，並且極大程度地改造了他們的背景和身份。比如，李白、扁鵲、諸葛亮、狄仁傑、李元芳、魯班、劉禪等人都在遊戲中成為身懷絕技的英雄，荊軻一度變成了"女性英雄"。之後迫於各方壓力，製作方將荊軻的名字改為了阿軻。

荊軻的性別錯置，引發了一波輿論巨浪。2017 年 2 月 19 日，《南都週刊》在微信公眾號上發佈《也許〈王者榮耀〉正一步步毀掉小學生們的歷史觀》，質疑遊戲的藝術加工對青少年理解歷史人物的負面作用。

作為對此事的跟進，《澎湃新聞》發表《遊戲會影響孩子的歷史觀，真的嗎？》一文，建議公眾對遊戲保持寬容態度，文章指出：

> 孩子們請堅強一點，你的初中老師會告訴你小學的部分知識點是片面的，乃至是錯誤的，高中老師也會告訴你同樣的事，顛覆你的既有觀念，只要你的學習能力和學習工具沒有出現問題，這個世界不缺乏告訴你正確知識的人和渠道，不缺乏

顛覆認知、更新知識體系的機會……

　　這一輪媒體討論，呈現觀點交鋒態勢，暫未產生較大影響。之後，對於《王者榮耀》而言，輿論形勢急轉直下。3 月 29 日，光明日報微信公眾號刊發的評論文章終於將其推上了風口浪尖。

　　在這篇題為《荊軻是女的？小學生玩〈王者榮耀〉還能學好歷史嗎？》的評論文章中，作者指出，根據騰訊瀏覽指數平台上的《王者榮耀》年齡分佈，11 歲至 20 歲的用戶比例高達 54%，小學三年級的小朋友都熱衷於玩這款遊戲。家長表示十分擔憂，小學生都還沒學過真正的中國歷史，讓遊戲先入為主，形成了對歷史人物的角色定位，就算以後學了真正的內容，也會像白紙亂塗了色彩，即使再擦掉仍會有印跡，會對歷史有誤讀，文中寫道：

　　　　說得重一些，隨意塗抹和戲說歷史，就相當於 "拋棄歷史文化傳統"，"割斷民族文化血脈"，讓我們的文化發展 "迷失方向和目標"。

　　隨後，這篇文章被人民日報微信微博、共青團中央微信微博轉發。人民日報微博還開展了用戶調查，並配發短評：

　　　　如此開涮古代名人，只有輕佻，不見敬畏。當歷史被毀容，乃至被肢解，不僅古人遭冒犯，今人受驚擾，更誤人子弟，蒼白了青少年的靈魂。不是所有東西都可遊戲，開發手遊，利益之上還有責任。如果利字當頭，連小學生也不放過，恐怕只有恥辱，不見榮耀。

2017 年 7 月，《王者榮耀》再度受到官方媒體集中批評。新華社連發三篇評論：《"王者"成"指尖上的印鈔機"，別讓賺錢成為唯一"榮耀"》（7 月 3 日）、《再評"王者榮耀"：沒有責任血液的遊戲注定走不遠》（7 月 6 日）、《手遊不該"遊戲"歷史》（7 月 10 日）；人民網也連發三篇評論：《是娛樂大眾還是"陷害"人生》（7 月 4 日）、《加強"社交遊戲"監管刻不容緩》（7 月 4 日）、《過好"移動生活"，倡導健康娛樂》（7 月 6 日）。

面對強烈的社會壓力，騰訊也在不斷尋求解決方案。除了"荊軻"改名"阿軻"之外，2017 年 7 月，騰訊方面發出遊戲"限時令"：7 月 4 日起《王者榮耀》12 週歲以下（含 12 週歲）未成年人每天限玩 1 小時，並上線 21 時以後禁止登錄功能，12 週歲以上未成年人每天限玩 2 小時，超出時間的玩家將被強制下線。這些措施並未完全扭轉其對未成年人的負面影響，反而在中國的社會公眾層面掀起了新一輪遊戲"好壞"之爭。

2018 年 11 月，《王者榮耀》防沉迷措施再度升級。騰訊官方宣佈，在全國啟動用戶強制公安實名校驗的工作，所有用戶都必須使用身份證完成實名校驗，11 月完成中國大陸地區全部覆蓋。[1]

縱向來看，遊戲在中國從來都不是社會主流文化，這種亞文化

1　騰訊科技相關報道：http://tech.qq.com/a/20181101/008368.htm。

狀態將一直持續。《王者榮耀》受到批評的過程，是國內遊戲人群和非遊戲人群在認知上的對峙。顯然，非遊戲人群的體量和能量在目前仍大於遊戲人群，遊戲企業的技術處理、文化觀點、價值體系仍然在自我精神領地中遊蕩，沒有主動置身於更加複雜、廣闊的社會公共空間。

作為電子競技頂端力量的遊戲廠商，應該更加注意控制好自身商業利益和社會形象的衝突。因為，電子遊戲以往的邊界正在被技術和文化的力量打破，以後的道路不再是從前在一個相對封閉領域的自說自話，而需要綜合考慮社會功能、文化意義等多種因素。

這是一個技術問題，也是一個價值觀問題，更是電子競技發展的重點問題，需要進一步觀察、思考、討論並推動其解決，尤其是建立起更加嚴格的未成年人保護制度，可以用於使用者辨別篩查的人臉識別等技術手段已經非常成熟，只是用不用、如何用的問題。

移動電競的現實和未來

統計數據顯示，2017 年中國移動電競市場用戶規模達到 1.7 億，《王者榮耀》領銜的移動電競市場規模攀升至 462 億元人民幣，比 2016 年增長 256%。從端遊、頁遊到手遊，移動電競終於成為了遊戲新主力之一，預計 2018 年中國移動電競市場規模將突破 561.9 億元。[1]

儘管對於電子競技本身的討論尚未清晰，但作為其子概念的移動

----

1 中商產業研究院 2018 年 7 月 19 日發佈。

電競，已經在各種統計和媒體表述中成為一個專業名詞。

　　憑著內生的娛樂性和社交性，移動電競能吸引大量玩家參與，佔領手機用戶的碎片時間乃至整塊時間。基於社交需求，移動電競用戶可以將話題延伸到直播、社交等其他平台。另一方面，移動互聯網的特點易於給遊戲廠商帶來病毒式傳播，內容消費者可以快速轉為生產者和分享者，一款遊戲即可形成閉環。

　　在中國，移動電競有著天然的優勢環境。一批直播平台、垂直類媒體形成了良好的基礎設施環境，這些平台都已設立移動電競的相關頻道，主播、視頻 UP 主等內容生產者上傳遊戲視頻教程、賽事解說等。在這條產業鏈中，上游是遊戲廠商為代表的內容授權方，而賽事執行、內容製作等環節也在快速發展之中，既體現了移動電競的娛樂性大於競技性的現實情況，也能看到《王者榮耀》一家獨大的市場格局。

　　2018 年 10 月，《王者榮耀》及其賽事完成了國產 "移動電競" 出海的第一步，韓國《王者榮耀》聯賽（Korea King Pro League，KRKPL）正式啟動。這一海外聯賽的建立，是騰訊系電競版圖的擴張與深化。

　　儘管騰訊的移動電競越發顯示出一騎絕塵的氣概，但是移動電競存在的短板也顯而易見：優秀內容的缺乏、青少年問題的處理、實體賽事的競技強度等問題都需要進一步討論。在這個階段，各個環節的相關力量應該採取謹慎樂觀態度，而不是繼續沿用手機遊戲發展初期的長驅直入、遍地開花。

　　從《星際爭霸》到《刀塔》到《英雄聯盟》直至《絕地求生：大

逃殺》、《王者榮耀》，電子競技的用戶定位日益下沉。遊戲效果越來越絢麗，操作卻持續降級。最初的遊戲設計者幾乎都抱有強烈的理想主義，並且需要用"藝術品一般的遊戲"證明自身價值。現在的遊戲界已經過了需要自證的階段。在資本推動下，遊戲的直接目標就是佔領受眾、獲取流量、取得利潤。遊戲越容易上手，擴張就越方便。競技性在很多時候只是說辭而已，佔有率才是話語權。手機遊戲也好，移動電競也好，更加如此。

從長遠來看，電子競技的主舞台應該屬於大型遊戲項目和高端職業賽事體系；從人群來看，各類網絡遊戲在未成年人群體中的防護措施一定要切實建立起來，而不是高喊"全民電競"的商業口號。

這幾年，移動電競的產值不斷創出新高，其中很大一部分是玩家在遊戲中購買行為產生的利潤，是移動互聯網和遊戲產業雙劍合璧的效果。如何凸顯電子競技的正面力量，而不是讓手機遊戲狂飆猛進地大規模佔領全民文化空間，這個現實問題在不斷提醒人們：移動互聯網浪潮洶湧澎湃，讓人獲益良多，但移動電競的邊界和功能仍需探索。

第十章

新勢力 與全球化

》》

　　行文至此，我們已探討了電子競技的本源，討論了電子遊戲如何
發展成為電子競技的基本工具，認識了一批建立電子競技模式的主流
遊戲。回溯發展脈絡，意在建立關於電子競技的歷史觀和文化觀。

　　電子遊戲，僅僅是電子競技的基礎設施，電子競技之所以成為
現代體育，它的組織方式、賽事形式、產業發展等因素都發揮著重
要作用。電子競技的突出特點即網絡化、國際化，它的出現和發展
是人類互聯網社會在娛樂休閒領域的新表現。

　　電子競技席捲全球的過程中出現了一些新情況，考察這些新興力
量的目標和行動，可以進一步認清電子競技本質，幫助我們探尋其發
展趨勢。

列強入局

　　NBA（National Basketball Association）是美國職業籃球聯盟的簡稱，於 1946 年 6 月 6 日在紐約成立，由北美 30 支隊伍組成，匯集了世界上最頂級的籃球運動員，與 NFL（National Football League，美式橄欖球聯盟）、MLB（Major League Baseball，美國職業棒球大聯盟）和 NHL（National Hockey League，國家冰球聯盟）共同組成 "北美四大職業體育聯盟"。

　　作為傳統體育項目中商業運作最成功的組織之一，NBA 擁有遍及全球的受眾，單場賽事的觀眾人數最高紀錄超過 2 億。自 2016 年起，這個成熟的超級體育聯盟中的成員也紛紛進入電子競技領域，做出全新嘗試。

NBA 佔領北美電競圈

　　從 2016 年開始，灰熊隊的資本方與林肯公園一起投資了北美電競俱樂部 Immortals，Immortals 隨後又接受了斯台普斯中心地產所有者的投資，將和洛杉磯湖人隊共享主場；另一支北美電競戰隊 Team Liquid（TL）背後，則有金州勇士隊、奇才隊等球隊老闆組成的投資人團隊，並且得到了迪士尼的投資；老牌電競俱樂部 Dignitas 被費城 76 人隊收購；密爾沃基雄鹿隊的共有人收購了 C9 的二隊，將其改名為 Fly Quest。

與此同時，波士頓凱爾特人隊聯合意甲羅馬俱樂部投資了歐洲老牌電競俱樂部 Fnatic；克里夫蘭騎士隊邀請前 COD 職業選手 Nadeshot 組建了 100 Thieves 戰隊；金州勇士隊老闆 Joe Lacob 在投資了 TL 的基礎上，另外又組建了 Golden Guardians（GGS）戰隊；火箭隊老闆 Tilman Fertitta 則投資組建了 Clutch Gaming（CG）戰隊。

除了眼光獨到的老闆之外，NBA 球員也沒有袖手旁觀：奧尼爾投資了 NRG，"魔術師"約翰遜投資了 TL，里克·福克斯親自上陣打造 Echo Fox 戰隊，杜蘭特投資了 Vision Venture Partners，庫里也攜手隊友伊戈達拉投資了 TSM。

《英雄聯盟》北美 LCS 的 10 支參賽戰隊分別是：TSM、GGS、C9、FLY、FOX、CG、100、TL、OPT 和 CLG。其中，除了上文提到的 100、CG、GGS 這 3 支戰隊具備新的 NBA 力量，C9、TL、FOX、FLY 這 4 支戰隊也都有來自 NBA 的投資背景。也就是說，NBA 的勢力佔據了 LCS 70% 的份額。

更多力量湧入

2017 年 7 月，北美老牌電子競技俱樂部 Counter Logic Gaming（CLG）與美國體育娛樂巨頭麥迪遜廣場花園公司（MSG）共同宣佈，MSG 已經完成了對 CLG 俱樂部控股權的收購。這意味著《英雄聯盟》北美 LCS 聯賽僅剩 Team SoloMid 一家俱樂部依舊保持獨立，尚未進行融資或被收購。同時也表明，LCS 聯賽具備 NBA 背景的隊伍從 7 支上升到 8 支，佔據 80% 的份額。

CLG 俱樂部由《英雄聯盟》選手 HotshotGG 於 2010 年建立，如今已發展成一家橫跨多個項目的綜合性電競俱樂部。CLG《英雄聯盟》戰隊作為北美 LCS 的元老，從來沒有缺席過任何一個賽季的季後賽，2 次奪得北美冠軍頭銜，4 次代表北美出征《英雄聯盟》S 賽。

麥迪遜廣場花園公司擁有包括籃球聖地紐約麥迪遜廣場花園球館在內的多處體育娛樂場館，旗下還擁有數支職業球隊，包括 NBA 紐約尼克斯隊、NHL 紐約遊騎兵隊、WNBA 紐約自由人隊。這家由詹姆斯·多蘭（James Lorraine Dolan）創立的公司，在 2008 年總資產達到 94 億美元，2016 年的營業收入超過了 11 億美元。

2015 年，麥迪遜廣場花園首次承辦了《英雄聯盟》北美 LCS 夏季總決賽。看到巨大的商業機會之後，MSG 快速切入電子競技產業，承辦了 2016 年《英雄聯盟》世界賽四分之一決賽和半決賽、《刀塔》波士頓特錦賽等多項大型賽事。

收購了 CLG 之後，MSG 這家體育娛樂巨頭正式入局電子競技。顯而易見，NBA 老闆、球員都對電子競技表現出巨大的興趣和超強的行動力。

2018 年 10 月，NBA 的又一位傳奇人物"飛人"喬丹殺入電競圈，北美知名電子競技俱樂部 Team Liquid 的母公司 Axiomatic 在 C 輪融資中籌集了 2,600 萬美元，新增股東就包括現任黃蜂隊老闆邁克爾·喬丹。

動力和障礙

　　LCS 只是一個縮影，因其現階段的號召力和代表性，所以能夠集中反映北美電競市場的資本變化。對於傳統體育的投資人而言，電子競技是年輕人趨之若鶩的娛樂方式，是既能夠通過網絡直播，又在線下具有頗高人氣的賽事，其面貌也越來越接近傳統體育項目。如此一來，俱樂部品牌能接觸到更年輕的活力人群，同時也可以強化一部分重疊人群。巨大的市場前景是眾多體育俱樂部尋求新突破、投身電子競技的主要動力。

　　在 NBA 成功實現商業目標的資本方，也在電子競技領域體現出再創輝煌的信心。從現狀看，北美電競行業已經具備可觀的規模，進一步發展成熟後，存在著向 NBA 這樣的傳統體育聯盟對標的可能性。無論賽事規則、運作方式，還是運動員、裁判員、教練員的認定、評級、培訓等，都可以從 NBA 的成熟經驗中借鑒可取之處。

　　唯一的本質不同在於，NBA 是以籃球運動為核心的賽事體系，迄今已有 70 多年歷史，長盛不衰。反觀，電子競技是一款又一款遊戲的更迭，單款遊戲的產品週期、單個項目的影響力曲線，基本上都是拋物線狀態，這是電子競技向傳統體育靠攏過程中必須面對的障礙。

豪門插腳

　　2015 年 11 月，法國政府修改《數字及電子產品管理法》，將電子競技列入正式認可的體育項目。2016 年 1 月 19 日，法國總理曼努埃爾·瓦爾斯（Manuel Valls）表示，政府將採取措施幫助法國電子競技行業發展，並提出一項意在規範電競行業的法案，以努力促使其在世界上取得領先地位。**1**

　　從法國的官方態度可以看到，電子競技在歐洲正進入新的發展階段，具備了更廣泛的認同基礎和表現舞台。這個階段的主要特點是傳統體育的豪門俱樂部進入電子競技領域，其中包括法甲的巴黎聖日耳曼、里昂，英超的曼城、西漢姆聯，德甲的沙爾克 04、沃爾夫斯堡，意甲的羅馬，西班牙的皇馬、瓦倫西亞、皇家馬洛卡等。

"大巴黎" 的大動作

　　2016 年 10 月，在法甲具有強大實力的巴黎聖日耳曼足球俱樂部建立了自己的電競戰隊，其《英雄聯盟》分部簽下了著名選手YellowStar，FIFA 分部簽下了世界冠軍、在全球主機領域有著極高知名度的丹麥選手羅森梅爾（Agge）。

　　巴黎聖日耳曼足球俱樂部簡稱 PSG，中國球迷習慣稱之為 "大巴

----

1 《法國政府正式承認電競為正規體育項目》，《電子競技》2015 年第 21 期。

黎"，成立於 1970 年。2011 年 6 月 30 日，卡塔爾財團收購了其 70%
股份，成為最大股東。截至 2019 年 3 月，巴黎聖日耳曼共奪得 7 次法
甲冠軍、12 次法國盃冠軍、8 次法國聯賽盃冠軍、8 次法國超級盃冠
軍、1 次歐洲優勝者盃冠軍以及 1 次國際托托盃冠軍。

在成立電競戰隊的新聞發佈會上，俱樂部主席納薩爾・阿爾赫
萊菲（Nasser Al-Khelaifi）表示，電子競技是俱樂部國際發展戰略的
一部分，希望能夠用新方式吸引新球迷。俱樂部市場部總監法比安
（Fabian）在接受 BBC 的採訪時表示，最終目標是讓大量根本不了解
足球的人也能夠知道俱樂部。這個歷史並不悠久的足球俱樂部管理層
認為，電競是一種推廣俱樂部品牌的新方式，並不一定要專注在足
球上。

電子競技的掌控難度超出了足球俱樂部的想象範圍。2017 年 10
月 6 日，大巴黎在其官網上宣佈俱樂部正式退出《英雄聯盟》項目，
其分部正式解散，電競項目主管 YellowStar 同時離職。在此之前，
FIFA 分部的領導者羅森梅爾也通過社交媒體宣佈離開。當時的大巴
黎手下仍有 FIFA 和《火箭聯盟》，但已毫無優勢可言。

大巴黎的電競步伐並未由此而停止。2018 年 4 月，PSG 和中國
電競戰隊 LGD 達成合作，正式冠名 LGD 俱樂部《刀塔》戰隊。和中
國電子競技戰隊的合作，很快收穫成果。在 2018 年 5 月舉行的莫斯
科中心盃（The DotA 2 of Epicenter）上，PSG.LGD 最終以 3：1 戰勝
強勁對手 Liquid，拿下了冠軍。這也是中國《刀塔》戰隊第一次拿到
Major 賽（特級錦標賽）的冠軍。

這個冠軍對巴黎聖日耳曼而言，可以說是突如其來的意外驚喜。

其實，俱樂部內部推動電子競技事業的決心從未動搖，PSG 電競事業部負責人亞辛‧加達（Yassine Jaada）曾在採訪中表示，將在一個全新項目上推廣巴黎聖日耳曼品牌。中國戰隊迅速給出了回報。

"電競歐冠"

和大巴黎的選擇一樣，2016 年起，羅馬、里昂、沙爾克 04、沃爾夫斯堡、阿賈克斯、瓦倫西亞、西漢姆、曼城等多家足球俱樂部逐步建立起各自的電競戰隊。

2018 年，除了大巴黎與 LGD 的合作，還有丹麥哥本哈根足球俱樂部與 CS:GO 丹麥雄獅 North 的簽約。2018 年 6 月，曼城成為第一家在中國擁有 FIFA 電競戰隊的英超俱樂部。西甲皇家馬德里俱樂部也成立了電競戰隊並簽下 4 名中國 FIFA 選手。皇馬和曼城的電競戰隊將征戰騰訊主辦的 FSL 職業聯賽。[1]

比俱樂部層面更高的賽事組織方，同樣表現出對電子競技的熱情和行動。2018 年 2 月，西班牙足球甲級聯賽官方宣佈正式進軍電競，口號是 "西甲不止足球"，希望通過在電競產業中擴大影響，來增強整個西甲品牌對年輕人的吸引力。

西甲和美國藝電展開了合作。除了 FIFA，西甲官方也計劃和藝電推出類似《足球經理》的網絡遊戲和手機遊戲。與此同時，西甲官方提出，將會採取與西甲聯賽一樣的專業化管理來推行西甲電競聯

---

1 http://games.qq.com/a/20180606/022162.htm.

賽，把這一聯賽打造成世界級的專業電競比賽。

比起西甲，英超的電競行動更加一步到位。2018 年 10 月 4 日，英超聯賽官方宣佈主辦第一屆英超電競聯賽 ePremier League（ePL），曼聯、曼城、切爾西、阿森納、利物浦等所有英超球隊都會參加 ePL 聯賽。該賽事由英超聯賽官方、藝電、英國電競賽事運營商 Gfinity 聯合運營。

在 FIFA 項目上，法甲、德甲、澳超和美國職業足球大聯盟都已經開啟了官方電競聯賽。作為電子競技大國的中國，部分足球俱樂部也組成 CEFL 聯盟，共同推出 CEFL 中國足球電競聯賽。[1]

與此同時，依靠個人力量推動的電子競技 "歐冠" 也在孕育之中。2017 年底，巴薩球星傑拉德・皮克（Gerard Pique）建立的電子競技公司 eFootball.Pro 和日本廠商科樂美達成協議，使用《實況足球》聯手創建全球頂級的足球電子競技賽事 —— 國際電競足球聯賽，並將會全球轉播。

2018 年 2 月 28 日，西班牙巴塞羅那足球俱樂部與皮克的 eFootball.Pro 公司達成協議，成為第一個參加《實況足球》電競聯賽的足球俱樂部。隨後，沙爾克 04、皇家馬洛卡、凱爾特人、博阿維斯塔、南特等俱樂部先後加入這一全新聯賽。2018 年 12 月 2 日，該賽事正式啟動，6 支球隊每月一輪對陣。

就這樣，歐洲電競在傳統豪門、官方組織和明星球員的手中被重塑，充滿更多可能性的 "電競歐冠" 正在逐步形成。

----

1 《體育產業生態圈》，https://www.ecosports.cn/Home/Consultation/show/id/9999/classid/17.html。

各得其所

　　21 世紀頭 10 年，電子競技在東亞、北美、歐洲之外地區的發展呈現千姿百態。儘管無法與電子競技核心地區相對密集的賽事和更加發達的職業化相比，但是也各有特點：東南亞各國群眾基礎較好，湧現出一批優秀選手；南美以巴西為代表的高水平戰隊長期征戰在國際舞台；中東和北非的特殊環境推動著電子競技跨越式發展；大洋洲和非洲則在摸索之中前行。

慢熱的日本

　　作為電子遊戲大國，日本擁有任天堂、索尼、世嘉、卡普空等知名公司，這些廠商是主機遊戲的核心力量，過去幾十年間在日本營造了濃厚的主機遊戲文化。但是，目前世界電子競技主流項目（如 MOBA 和 FPS），在日本的流行度不高，無法撼動主機遊戲的統治地位。日本玩家和民眾普遍認為，電子遊戲是一個娛樂工具，而不是體育運動。

　　在日本，無論冠以電子競技的名義，還是電子遊戲比賽，都被看作是娛樂營銷活動，有一條叫《景品表示法》的法律規定："企業為了產品促銷而準備的活動獎品，其獎品額度不得超過報名費的 20 倍或 10 萬日元（約人民幣 6,000 元）"。獎金的吸引力甚至不及中國國內一次企業內部賽，更不用提《刀塔》超過 2,400 萬美元的決賽總獎金。不過，總有人可以找到突破點，比如不收報名費、不承認是產品促銷。2018 年 12 月，日本遊戲廠商 Cygames 突破了政策限制，為旗下卡牌遊戲 "Shadowverse" 舉辦了總獎金超 1 億日元（約 110 萬美元）的賽事，被稱為日本有史以來獎金最高的電競比賽。

　　與日本形成對照的是，世界各地的電子競技風起雲湧。無論是相鄰的中國、韓國，還是大洋彼岸的美國，地球另一端的歐洲，電子競技的戰場上人頭攢動，但始終缺少日本人的身影。作為開山元老、具有輝煌歷史的日本遊戲界，意識到了自己的掉隊乃至缺席，一部分改革派著手做出改變。

　　2018 年 2 月 1 日，在日本遊戲界最具影響力的兩大機構：電腦娛樂供應商協會（CESA）、日本遊戲機與市場協會（JAMMA）的支持下，原有的日本在線遊戲協會（JOGA）、日本電子競技協會（JeSPA）、日本電子競技聯合會（JeSF）和電子競技促進組織等機構聯合成立了 "日本電子競技聯盟"（JeSU），並少量發放職業選手許可證。

　　JeSU 對職業選手的定義中列舉了四點：1. 有成為該領域專業人士的自我意願；2. 比賽時遵循體育精神；3. 致力於獲取 JeSU 官方認可的頭銜；4. 為國內電競發展作貢獻。職業選手許可證有效期為 2 年，除了在官方比賽中有良好表現以外，選手還要遵循以上四大規則，並接受短期培訓。

　　目前，JeSU 官方認可的遊戲項目有《勝利十一人 2018》、《使命召喚 14：二戰》、《街頭霸王 5：街機版》、《鐵拳 7》、《智龍謎城》以及《怪物彈珠》，預計未來將有更多的作品獲得認可。

　　但是，現行的電子競技並沒有得到日本體育界的接納。2018 年 5 月，在亞洲奧林匹克理事會（OCA）正式宣佈電子競技成為 2018 年雅加達巨港亞運會的表演項目後，日本電競聯盟（JeSU）向日本奧組委（JOC）提出申請，希望在 2020 年東京奧運會中加入電競項目。JOC 作出的回覆中明確表示：電子競技尚沒有進入批准入奧的階段，而且與體育促進健康的理念相悖，世界衛生組織（WHO）在此前正好將遊戲成癮定為了 "疾病"。同在亞洲的 JOC 和 OCA，兩種截然不同的態度讓電子競技陷入尷尬境地。

熱鬧的東南亞

東南亞是電子競技發展迅猛的地區。Newzoo2017 年的數據顯示，東南亞地區有超過 950 萬電子競技愛好者，其中 280 萬人在越南，200 萬人在印度尼西亞。馬來西亞和新加坡等地則建立了遊戲中心和電競學院。

根據市場調研公司 Niko Partners 發佈於 2017 年的數據，東南亞地區 PC 遊戲和手機遊戲的總收入超過 22 億美元，預計在 2021 年再翻一倍。從統計範圍來看，這些都是競技類遊戲，從一個側面反映了東南亞電子競技的市場態勢。

在越南，政府設立了名為越南娛樂電競聯合會（Vietnam Recreational e-Sports Association，VIRESA）的專門團體。在 2018 雅加達—巨港亞運會電競表演賽東南亞賽區中，越南代表隊拿到全部 6 個項目的預選賽第一，最終在決賽階段獲得 4 個項目的銅牌。

2016 年夏天，一位 ID 叫 "SOFM" 的越南電子競技職業選手加入了《英雄聯盟》職業聯賽中國區（LPL）的 SNAKE 戰隊，引來中國電競界關注。《英雄聯盟》越南聯賽（VCS）原本與菲律賓（PGS）、馬來西亞（LCM）、新加坡（SLS）、印度尼西亞（LGS）以及泰國（TPL）同屬於東南亞 GPL 超級聯賽。在 GPL 中，越南包攬了全部 4 屆冠軍，並在 2017 年季中賽、世界賽等比賽中表現出強大實力。因此，越南賽區在 2018 年和東南亞賽區分離，並在 2018 季中冠軍賽和 2018 全球總決賽上擁有屬於自己的參賽名額。

除《英雄聯盟》之外，CS:GO 在越南也有良好基礎，當地接近 100 萬的 Steam 用戶中 CS:GO 佔 25% 左右。越南玩家對這款快節奏射擊遊戲充滿熱情，一場線下比賽經常有數十支隊伍報名參賽，也會出現女子戰隊。2017 年，中國的兩家俱樂部 BOF 和 5POWER 分別招入了越南籍的 CS:GO 選手 ZaC 和 crazyguy。

在泰國，電子競技相關組織、賽事和戰隊也逐漸增加並成熟。FPS Thailand 是一支重要力量。這家商業機構舉辦了一系列賽事，力推 CS:GO 和 FIFA。2012 年，該機構成立了 MiTH（Made in Thailand）戰隊，逐步設立了 CS:GO、FIFA、《超神英雄》、《星際爭霸 2》、《風暴英雄》、《絕地求生：大逃殺》等分部。此外，ACS 戰隊、Bangkok Titans 戰隊等在國際賽事中也贏得不少關注。

2018 年 3 月，在曼谷舉行了 Garena Word Rov《王者榮耀》（泰國版）職業聯賽第一季（Realm of Valor Pro League 1），組織方稱之為"東南亞規模最大的電子競技賽事"，有 23.6 萬人次入場觀戰，直播也吸引了超過 1,000 萬觀眾收看。2018 年 5 月，作為 DotA 2 Minor 賽的 GESC 賽事在曼谷舉行，總獎金 30 萬美元創造了泰國電競賽事的獎金新紀錄。

2017 年 10 月 20 日，總部在新加坡的 Sea 成為第一家在紐約證券交易所上市的東南亞科技公司，這家公司背後股東有中國台灣地區的企業，騰訊也在各個階段投資其中，並允許其遊戲平台代理騰訊相關遊戲的東南亞市場事務。Sea 公司原身為遊戲平台 Garena，主營業務為電商和遊戲代理，為東南亞電競市場引入了多款遊戲，組織了一系列賽事。但是根據財報顯示，Sea 深陷虧損泥潭，剛上市的 2017 年第四季度巨虧 2.516 億美元。東南亞的遊戲產業和電子競技，到底是虛火旺盛，還是處於臥薪嚐膽的投入期？還有待檢驗。

熱情的南美

2017 年 1 月 21 日，巴西 CNB 電子競技俱樂部在社交網絡上宣佈，巴西足球名宿、世界盃金靴獎獲得者、"外星人"羅納爾多（Ronaldo）與巴西職業牌手安德烈·阿卡里（Andre Akkari）一道成為 CNB 俱樂部的新投資人。此次投資後，CNB 俱樂部的聯合創始人持有 50% 股份，羅納爾多、阿卡里與伊戈爾·特拉範（Igor Trafane，一名撲克牌選手）共同掌握剩餘 50% 的股份。

CNB 是南美洲最大的電競俱樂部。2007 年，他們從 CS 領域起家，之後也成立了《英雄聯盟》戰隊。羅納爾多在臉書（Facebook）上表達了對電子競技產業和 CNB 的信心：

> 電子競技是未來的趨勢，在巴西更是非常火爆的項目。這是一項令人印象深刻的競技運動！作為運動員，我在 CNB 的

成員身上看到了與我們相同的特質，大家都心懷夢想。在未來，我會將在足球中得到的經驗和信心投入到電子競技上。

與羅納爾多投資電子競技俱樂部相呼應的是，各類戰隊和賽事也在這片遠離遊戲與電競傳統核心區域的南美大陸落地。

巴西是南美洲最大的國家，也是南美電子競技的代表，具備優秀的職業戰隊和良好的粉絲基礎。從 2014 年開始，巴西戰隊連續 3 次殺入《英雄聯盟》全球總決賽。2015 年 8 月 8 日，《英雄聯盟》巴西冠軍聯賽的現場觀眾達 5 萬人，展現了桑巴和足球國度對電子競技同樣熱情的態度。

2016 年 8 月，第 31 屆夏季奧林匹克運動會在里約熱內盧舉行。奧運會結束後不久，首屆電子遊戲奧運會也在這裏舉辦，名稱很響亮，但是規模很小。電子遊戲奧運會由英國奧委會當時組建的國際電子遊戲委員會（International Egames Committee，IEGC）舉辦，覆蓋了《刀塔》、《英雄聯盟》等項目，參賽國家有美國、英國、巴西和加拿大，沒有設立獎金。**1**

2017 年 5 月，《英雄聯盟》季中冠軍賽正式亮相巴西。作為《英雄聯盟》每年最重要的世界級比賽，季中冠軍賽和 S 系列全球總決賽都受到全球玩家的高度關注。這是季中冠軍賽首次在南美洲舉辦，電子競技新興市場的吸引力由此體現。此外，在 CS:GO 項目中，巴西還有頂級勁旅 SK 和 LG。

----

1 《為什麼是巴西？從〈英雄聯盟〉MSI 看拉美電競發展》，中國青年網 2017 年 5 月 15 日，
　http://youxi.youth.cn/yjxw/201705/t20170515_9767183.htm。

年輕的中東及北非

出於地理和經濟原因，中東和北非很多時候被歸置在一起，稱為 MENA（Middle East and North Africa）。在電子競技領域，MENA 地區被認為是新興市場。從年齡結構上來看，這裏是年輕地區。據統計，中東總人口 25% 為 15—29 歲的青少年。這一區域有超過 8,000 萬玩家，具備相同文化背景和語言，是電子競技的核心人群。

從財富和社會結構的角度來看，中東地區的電子競技版圖可以進一步分為兩部分：第一部分是黎凡特 **1** 和北非地區，玩家主要使用中低端電腦；第二部分是海灣國家，主機遊戲更受歡迎。

對於電子競技，這一地區的主流態度是正面的。比如，埃及、突尼斯、阿聯酋、沙特阿拉伯和巴林都支持電子競技、博彩業的發展。其中，沙特阿拉伯電子競技聯合會（SAFEIS）和一家名為全球電子競技協作體（Global Esport Resources，GER）的機構還簽署了合作協議，共同開發沙特的電子競技業。在阿聯酋，迪拜媒體辦公室（Dubai Media Office）和 TECOM 集團（TECOM Group）共同宣佈，將建造中東地區首個電子競技體育館 Dubai X-Stadium，提出了建設"國際電子競技之都"的口號。

在職業選手培養和輸送方面，MENA 地區給了國際玩家各種驚喜。《刀塔》Ti 冠軍戰隊 Team Liquid 的 Miracle-、GH、Kuroky 3 名明星選手，都來自這一地區。其中，來自約旦的中單選手 Amer

---

1 黎凡特（Levant，又譯作累范特）是一個不精確的歷史上的地理名稱，它指的是中東托羅斯山脈以南、地中海東岸、阿拉伯沙漠以北和美索不達米亞以西的一大片地區。

"Miracle-" Al-Barkawi 被中國玩家稱為 "奇跡哥"，來自黎巴嫩的 GH 有著 "世界第一 4 號位" 的稱號，兩人給 Liquid 帶去了一系列優異戰績，包括 Ti7 冠軍。Kuroky 來自伊朗，目前是德國國籍。

此外，世界電子競技大賽（WCA）在中東和北非設立了資格賽區，世界電子競技運動會（WESG）的 15 個分站賽中也設立了非洲與中東賽區。行業、資本力量的重視和介入，給 MENA 地區的電子競技發展提供了更好的外部條件。

緩緩登場的大洋洲

電子競技的世界舞台上，大洋洲緩緩登場，戰隊和賽事都興起於 2014 年之後。主流的國際大型賽事在這裏均設置了賽區，一批戰隊也在國際舞台上享有較高人氣。2015 年，《英雄聯盟》大洋洲賽區（OPL）設立。2018 年，《絕地求生：大逃殺》傳奇系列賽設立了大洋洲賽區。2019 年的 PUBG 全球職業賽也設置了大洋洲賽區。

創建於 2014 年的 The Chiefs 戰隊，目前是大洋洲的代表性電子競技俱樂部，設立了《英雄聯盟》、CS:GO、《絕地求生：大逃殺》、《街頭霸王 2》、《堡壘之夜》、《火箭聯盟》等分部，還建立了遊戲培訓機構。The Chiefs 已經連續四年獲得 OPL 冠軍。

同樣創建於 2014 年的 Legacy 戰隊，也是大洋洲強隊之一。2017 年，澳大利亞職業橄欖球聯盟（AFL）阿德萊德俱樂部收購了 Legacy 戰隊，這也是大洋洲第一次有傳統體育俱樂部介入電子競技領域。

此外，大洋洲的代表性電子競技俱樂部還有 Avant Gaming、Dire Wolves 等。

自力更生的非洲其他地區

由於非洲基礎薄弱，一直以來都不在主流遊戲市場之內，網絡遊戲很少開設非洲服務器。然而，外圍諸國電子競技的熱潮或多或少影響到這塊大陸，戰隊、聯盟和賽事也相繼誕生，本土力量充滿熱情地投入其中。

在肯尼亞，從 2014 年開始每年舉辦一屆 Naiccon 動漫遊戲節。2017 年，這個活動首次舉辦《使命召喚》電子競技賽事，使用了一個位於烏幹達的私人服務器。Naiccon 的聯合創始人巴拉薩表示，非洲電競一直被世人所忽視，當得不到外界幫助時，就要自力更生。

在南非，位於約翰內斯堡的 White Rabbit 戰隊是非洲的頂級電子競技俱樂部。平時，他們在訓練過程中總是受到網絡延遲的影響，很難和其他地區高水平戰隊站在同一條起跑線上。2017 年，White Rabbit 報名參加了 DotA2 Ti7 的歐洲賽區公開預選賽，成為唯一一支闖入歐洲區預選賽 32 強的非洲戰隊。此外，非洲電子遊戲聯盟（Afican Cyber Gaming League）也建在南非，是目前非洲運轉最正常的電子競技組織，自辦的賽事包括《使命召喚》、《火箭聯盟》、《堡壘之夜》和 FIFA 等多個項目。

在尼日利亞，2015 年成立了非洲遊戲聯盟（African Gaming League），由 Amaete Umanah 創建，目標是促進非洲大陸的電競運動發展。這個聯盟在尼日利亞開展了一些小型比賽。截至 2019 年 3 月，非洲遊戲聯盟官方網站可見的最後一條更新，一直停留在 2016 年 9 月 1 日。

產業風暴

　　新勢力加入、全球化深入的過程中，電子競技產業鏈逐步構建完整。在遊戲和體育這兩大母體中，電子競技汲取了很多足以形成一項新產業的養分。

　　憑藉市場規模的優勢，中國成為全球電子競技產業新一輪發展的領軍者。尤其是騰訊、網易、完美世界等大型企業以收購、入股、合作開發、獨家代理等方式，綁定世界頂級遊戲廠商，成為絕對的頭部力量。電子競技的產業風暴颳過中國大大小小的城市，萌生出各種新情況。

類似職業體育的產業鏈

　　成熟的電子競技產業，基本要素包括了廠商、賽事、選手、俱樂部、贊助商、媒體、主管機構、各類組織、玩家、粉絲、觀眾等，粗看起來很像職業體育的組成結構，但又滲透著遊戲產業的邏輯。嘗到"體育"這件外套帶來的甜頭之後，電子競技的產業鏈更加趨向體育化。

　　廠商：遊戲是電子競技的立身之本。大型遊戲廠商的存在和發展，為電子競技提供了基礎設施。目前，佔據主流地位的遊戲廠商包括美國的拳頭、維爾福、暴雪、藝電，韓國的 Nexon、藍洞，日本的任天堂、科樂美、萬代南夢宮，中國的騰訊、網易、完美世界、巨人網絡，法國的育碧，還有一批精於單款遊戲的公司。當然，蘋果、微軟、索尼這些跨國科技企業，也在遊戲行業中佔據著重要地位。

賽事：電子競技的基本面貌就是賽事。一旦脫離了賽事形態，它便退回到電子遊戲的初始面目。國際上的主流電競賽事前面已有詳細敘述。

選手：在國內正更多地稱之為"電子競技運動員"，指那些出類拔萃、經過層層選拔的職業玩家。與傳統體育的運動員一樣，職業選手要對一個項目經過長時間練習。職業選手和業餘選手的區別在於，業餘選手不會以此為生。職業選手一般隸屬於一家俱樂部，雙方形成雇傭關係，俱樂部之間有轉會、租借等方式，這一點完全複製職業體育模式。

2016 年，互聯網媒體 Dailydot 評選了世界電子競技十大選手，這個名單以韓國、日本和歐美選手為主，在當時具有一定代表性：1. Faker（《英雄聯盟》世界第一中單），2. BoxeR（《星際爭霸》著名選手），3. Fatal1ty（FPS 第一人），4. Daigo（梅原大吾，格鬥遊戲第一人），5. Moon（《魔獸爭霸 3》著名選手），6. Flash（《星際爭霸》傳奇人物），7. Tomo Ohira（日本第一位街機職業玩家），8. Vigoss（DotA 早期名人），9. f0rest（CS 史上最強選手之一），10. Grubby（《魔獸爭霸 3》著名選手）。

俱樂部（戰隊）：和 NBA、英超等成熟的職業體育聯賽俱樂部一樣，由資本方控制，集中了教練員、選手、管理人員等，參加各類比賽獲得排名、贏取獎金、提升實力。職業俱樂部都會擁有獨特的標識（如隊標、隊服）以及統一制度安排。

隨著職業化的發展，在電子競技職業戰隊中出現了越來越多的新角色，如領隊、分析師、新聞發言人等。對於曾經因為遊戲而湊在一起的"戰隊"而言，這種職業化配置在之前是無法想象的。

贊助商：贊助商與遊戲廠商有所區別，贊助商涵蓋的範圍更廣，比如各類計算機設備、輔助設備廠商。贊助商主要提供經費、實物或相關服務等支持，而俱樂部或賽事組織者為贊助商進行商業宣傳，形成互利關係。業餘戰隊一般無固定贊助商，或由網吧和個人提供贊助。職業戰隊更多與企業達成合作關係。

近幾年，電競產業發展迅速，越來越多的大品牌開始關注和涉足電競，除了羅技和英特爾此類長久支持電子競技的硬件廠商之外，實體經濟行業的領先企業如奔馳、耐克、伊利、肯德基和歐萊雅，也紛紛加入各類電子競技賽事的贊助商體系，體現了傳統商業品牌對電子競技的重視和認可。

媒體：電子競技的發展和媒體密不可分。行業內外的受眾通過網站、電視、手機等渠道觀看比賽，獲取信息。隨著互聯網的發展，個體越來越多地成為新聞發佈的主體，社交網絡的形成更是進一步推動了電子競技媒體的扁平化，也讓電子競技的傳播更加迅捷，給整個電競行業的爆發式發展提供了趨好的輿論氛圍和渠道基礎。

近年來，網絡直播平台取代了電視，成為電子競技最基本的媒介形式。鬥魚、虎牙等垂直類遊戲直播平台和 B 站這類綜合直播平台，都有著巨大流量，一場重要賽事經常會聚集數百萬甚至上千萬觀眾，同時捧紅了一批主播，直播平台簽約戰隊也已成為常態。

主管部門：電子競技作為新生事物，在管理體系中也遇到很多難題。從監管主體來看，電子競技在國內涉及的相關部門包括宣傳、文化、出版、體育、科技、工業與信息化、教育、公安以及群眾團體。

按照此前的"網絡遊戲"身份，電子競技中與文化有關的內容歸文化部門管理，與出版有關的內容歸新聞出版部門管理；按照新的"體育運動"身份，電子競技的賽事、俱樂部、運動員歸體育部門管理。這種多重管理的機制，既體現了電子競技的獨特地位，也顯示了這個行業的複雜程度。

各類組織：電子競技產業化的過程中產生了眾多組織，其中包括民間聯盟、賽事聯盟、產業聯盟等，這些組織自主性強、積極性高，在推動電子競技發展中發揮了重要的作用。比如前文提到的總部位於韓國的國際電子競技聯合會（International e-Sports Federation，IeSF）、以歐洲為主要活動範圍的電子競技聯盟（Electronic Sports League，ESL）、霍啟剛擔任主席的亞洲電子體育聯合會（Asian Electronic Sports Federation，AESF）等組織。

玩家、粉絲和觀眾：電子競技所覆蓋的人群是整個行業蓬勃發展的根本。不同的遊戲聚集了不同的粉絲群體，不同的賽事、平台也面對不同的觀眾。粉絲和觀眾有著明顯的區別。粉絲是核心觀眾，是熱情的參與者。觀眾是更廣泛的群體，可能是曾經的遊戲玩家、對遊戲文化有興趣的社會人士、將電子競技賽事作為觀賞活動的普通觀眾等。

據統計，國內電競觀眾規模 2018 年達到 2.8 億。2017 年，全球電競觀眾數量達到 3.85 億，其中核心觀眾數量為 1.91 億，非核心觀眾數量為 1.94 億，到 2020 年，全球電競觀眾數量有望達到 5.89 億。[1]

以上歸納了電子競技產業鏈上的各個環節。如果將產業的構成分門別類的話，可以分解為核心產值與衍生產值兩類：核心產值是以賽事為基礎的產值，包括賽事參與收入（俱樂部和選手），賽事組織收入（版權、贊助、場館、門票），賽事直播收入（廣告、打賞、其他贊助）；衍生產值是賽事外收入，包括教育培訓、IP 轉化、文化旅遊等。

產業的誘惑

在中國，火爆的電子競技產業不斷吸引新力量加入，地方政府的角色頗為引人注目。本書開頭部分列舉的 2016 年一系列官方文件，產生了較大政策效應，中國電子競技產業實現了一輪急速增長，尋求經濟發展新動能、產業轉型新故事的各地政府也將目光投向這片新大陸，熱氣騰騰、霧裏看花。

與電子競技受到官方鼓勵的同一時期，2016 年 7 月 21 日，住房城鄉建設部、國家發展改革委、財政部聯合發佈的《關於開展特色小鎮培育工作的通知》提出，到 2020 年，中國將培育 1,000 個左右各具特色、富有活力的休閒旅遊、商貿物流、現代製造、教育科技、傳統文化、美麗宜居等特色小鎮。[2]

1　Newzoo，《2017 年全球電子競技市場報告》（2017 GLOBAL ESPORTS MARKET REPORT）。
2　國家住房和城鄉建設部官方網站：http://www.mohurd.gov.cn/wjfb/201607/t20160720_228237.html。

多地政府順勢而為，聯合各類產業力量，紛紛推出電競小鎮。從地方經濟發展的角度，這是一個新概念，可以大做文章；從電子競技從業者的角度，這是各地政府重視的好事情，必須抓住機會。

　　據不完全統計，僅 2017 年就有浙江杭州、重慶忠縣、安徽蕪湖、江蘇太倉、遼寧葫蘆島、山東青島、河南孟州等地相繼宣佈建設電競小鎮，一般做法是引入賽事、俱樂部或相關企業，提供稅收優惠和政策獎勵，並成立扶持基金和行業組織。除了獲得當地政府的支持之外，還有眾多新入局的機構通過合作運營等方式參與到電子競技產業化的火熱局面之中。

　　地方政府對電子競技的積極投入，一部分始於國家主管部門的多次正面表態，一方面也來自產業之中各類現象的刺激。

　　首先是數據的刺激。根據公開資料，2017 年開始，中國電子競技產業從人民幣 700 億元增加到 800 億元再朝著 900 億元的規模跨進，儘管口徑不太明晰，體量也不大，但是新概念、綠色無污染、文化朝陽產業等綜合口碑，使得電競成為地方產業規劃主導者重點關注的新目標。

　　其次是概念的刺激。地方經濟社會發展需要有新概念，才能實現一輪又一輪前進。在第一產業和第二產業的範疇中，挖掘新故事的難度遠遠超過第三產業。現代服務業成為經濟結構轉型的主陣地。對於地方而言，有資源、有途徑引入電子競技這一最新業態，將體育、文化、娛樂、消費多種能量聚集成一個全新概念，是不可多得的機會。

　　但是，電競產業一時難以給電競小鎮帶去立竿見影的"新動能"。

　　根據騰訊公司 2018 年上半年財報，其"網絡遊戲板塊"收入總額達 305 億元人民幣,其中已經涵蓋了《王者榮耀》、《英雄聯盟》等主流電子競技項目。無論統計口徑如何變化,僅騰訊一家公司就已佔據中國電競產業總體規模的約 1/3,並且大部分都是線上銷售流水。然而地方政府目前能做的,都在線下和遊戲項目之外。

長遠來看,只有加大投入才能夠吸引遊戲企業入駐,只有開發新的電子競技項目、產生新的頭部力量才能在產業鏈中佔據主動。通過梳理電子競技歷史不難發現,爆款遊戲何其難得?這個唯一的又是決定性的問號,讓電競小鎮的成功可能性大打折扣。

更何況,眾多電競小鎮都在人口聚集度不高的中小城市,遠離遊戲產業的核心區域。徹底互聯網化的電子競技,物理空間對於它的唯一價值就是人群聚集、品牌釋放,這種空間自然需要出眾的區位條件和象徵意義,比如北京的鳥巢體育場、上海的東方體育中心。電子競技的核心人群集中在 18 歲到 30 歲,他們的身份大多是大學生和職場新人,這類人群更多集中在一線和二線城市,也就是說中國尚不成熟的電子競技文化也高度集中在大城市。

2018 年 6 月,《中國經營報》刊登了一篇調查報道[1],描述了幾個主要電競小鎮宣佈立項一年後的境遇。以下為報道節選:

> 規劃中能夠容納 6,000 名觀眾的三峽港灣電競館是一座專門為電競賽事打造的比賽場館,但忠縣招商局一名工作人員告訴記者,該電競館為多用途場館,除用於舉辦電競賽事外,還

----

1 周昊:《電競小鎮週年考:熱潮褪去,誰在裸泳?》,《中國經營報》2018 年 6 月 23 日。

可以為演唱會、部分體育賽事等提供場地。"總比空置著好，縣裏也跟騰訊、網易等公司有過溝通，但對方已明確表示不會有賽事入駐，目前忠縣的電競賽事也只有 CMEG（全國移動電子競技大賽）。"

華體電競退出後，孟州市的電競小鎮項目在事實上已經終止，20 億元的投資計劃也並未實施。這一說法也得到了孟州市保稅區工作人員的證實，一位工作人員表示，孟州市政府最初對電競小鎮十分看好，但為了結合當地的產業情況，最終該項目並沒有實施。

由於蕪湖缺少電競賽事場館，因此騰訊方面希望地方政府建設相應的比賽場館，但蕪湖市政府希望電競小鎮可以穩步推進，採取了從"產業園—產業群—電競小鎮"的三步走計劃。目前電競場館的建設雖然已經提上了日程，但還沒有具體的開工計劃，騰訊電競小鎮項目在事實上處於停滯狀態。

值得注意的是，毗鄰上海雖然成就了如今的太倉電競小鎮，但這也無形中為太倉的電競產業劃定了"天花板"。儘管有多家戰隊入駐，而且太倉本身也擁有騰訊旗下的 TGA 賽事，但目前留在太倉的電競賽事多以線上賽為主，而線下的總決賽選址又多集中在一線城市，因此太倉本地的賽事資源難以為電競小鎮帶來相應的經濟效益。

一篇報道當然無法反映全部情況，主事者甚至還有很多計劃或委屈無法體現出來，就被這篇現場走訪式報道給了一記悶棍。除了緊臨

"全球電競之都"上海的太倉產生了近水樓台的一些氣象,曾經與遊戲產業毫無聯繫的重慶忠縣、河南孟州、安徽蕪湖等地,確實暫未在電競浪潮中撈到大魚。產業風暴颳過之後,留下的冷清景象與各方預期相去甚遠。

電競產業的自身根基都未夯實,電競小鎮的前景還籠罩著厚厚的市場迷霧。歸根到底,電子競技產業需要良好的起飛跑道,比如人口密度、高校數量、交通區位、文化氛圍、社會認知等基礎條件,並不是可以隨意安放的萬能引擎。

更大的手筆

如果說 "電競小鎮" 尚屬於小範圍摸索和小面積碰壁,"電競之都" 則體現了更加精細的安排和宏大的佈局。根據公開資料顯示,上海、西安、成都、重慶、膠州等城市在電子競技產業方面展示了大手筆。

上海:全球電競之都

上海這個超過 2,400 萬人口的國際化特大型城市,已將電子競技納入文化創意產業的架構之中。2017 年 12 月,中共上海市委、上海市人民政府發佈《關於加快本市文化創意產業創新發展的若干意見》(又被稱為 "文創 50 條")。在這個意見中,上海市官方第一次對電子競技提出了整體構想,體現在《加快建設全球電競之都》條款中:

鼓勵投資建設電競賽事場館，重點支持建設或改建可承辦國際頂級電競賽事的專業場館 1 至 2 個，規劃建設若干個特色體驗館。發展電競產業集聚區，做強本土電競賽事品牌，支持國際頂級電競賽事落戶。促進電競比賽、交易、直播、培訓發展，加快品牌建設和衍生品市場開發，打造完整生態圈，為國內著名電競企業落戶扎根營造良好環境。

　　與之對應的最顯著也是最快速的行動是，經上海市政府出面邀請，2019 年《刀塔》Ti9 移師上海，這項全球電競領域的頂級總決賽第一次來到科隆（2011）和北美地區（2012—2018）之外的舉辦地。

　　可以預見，在一段時間內上海將成為國際頂級電競賽事集中舉辦地，這與上海的城市定位、區位優勢等密不可分。

　　一方面，電子競技屬於流行文化，青年人口密度、城市文化氛圍、交通便利條件等等都是決定要素，特大型國際城市有著得天獨厚的條件。

　　另一方面，電子競技雖然是線上虛擬活動，但也需要線下集聚效應。上海市靜安區靈石路，因雲集多家一線電競俱樂部，被戲稱為"宇宙電競中心"。近年來駐紮在上海的知名電競俱樂部主要有 IG、RNG、EDG、Newbee、OMG、LGD、VG 等（2018 年，部分戰隊《英雄聯盟》分部因為主客場制度改革而遷往外地）。

　　據上海市電子競技運動協會的資料顯示，上海聚集了眾多電子競技領域的重點企業，不僅有騰訊、網易、完美世界、暴雪、EA 等全球頭部遊戲研發企業及頂級賽事聯盟；也有巨人網絡等本土廠商；還有 VSPN 等第三方賽事組織及轉播機構；阿里體育、分眾體育、蘇寧體育等一批涉足電競的大型體育產業集團也在其中。

除了本書討論得較多的廠商和賽事之外，上海成長起一批在電競產業鏈中穿針引線的配置型企業。比如開展產業規劃諮詢、推動項目跨區域落地、自創賽事品牌、搭建產學研平台的競跡，手握電競場館和眾多賽事資源的競界。如此一批機構的存在，一定程度上盤活了行業資源，有助於產業鏈的貫通與延展，也是上海這個"大碼頭"的傳統優勢所在。

上海是中國現代工業和商業文明最發達的城市，具備強大的資源配置能力和獨特的文化氣質。從 2018 年底到 2019 年初，浦東新區、楊浦區、靜安區先後發佈了電競產業規劃和項目，一批龍頭企業、標誌性賽事、行業組織機構相繼落戶各區，更多關於電子競技產業高水平發展的謀劃正在上海孕育、破殼。

西安：西部電競之都

在西安，以曲江新區為核心地塊的電子競技產業發展計劃也在推進之中。第八章講到，西安的網吧和高校之中誕生了以 WE 為代表的國內最早一批電競戰隊。這個傳統優勢在電競風口被發揚光大，曾經遠走上海的 WE 俱樂部於 2018 年 5 月回歸西安。十三朝古都西安為了迎接 WE 回歸，舉行了少見的開城門歡迎儀式，體現出這座文化旅遊城市對待電子競技產業的態度。

2017 年被稱為西安電子競技產業元年。通過大規模引入遊戲廠商、電競俱樂部以及電子競技產業鏈上的各類企業、機構，西安迅速釋放出吸引力和號召力。曲江新區成為了西安發展電子競技產業的主角。

2018 年除了 WE 的回歸，曲江新區提出建設超 30 萬平方米的電競遊戲國際社區，建設 3 個萬人級別電競和體育科技館，承辦 2018 年全球電競大會和西安電競峰會，並引進 5—8 家電競行業 30 強，打造"大西安電競產業新高地"。從定位上來看，西安正在建設"比肩上海的西部電競之都"。

成渝：西南電競重鎮

重慶和成都，長期以來都是中國電子競技的重鎮，在這一輪電競發展熱潮中自然不會落後。

2018 年 9 月 9 日，阿里體育宣佈其電子體育總部落戶重慶高新區，電競產業是主要合作方向，石橋鋪商圈將被打造成為"世界電子競技街區"。2018 年 10 月 22 日公佈的《重慶自貿試驗區蔡家區域產業發展規劃（2018—2020 年）》中提出，將積極吸引市內外知名遊戲設計研發、遊戲服務平台，推廣發行平台等入駐，開發系列原創網遊、手遊、電視遊戲等；規劃建設重慶遊戲電競特色體驗館，支持境內外頂級電競賽事落戶，促進電競比賽、交易、直播、培訓發展；鼓勵境外投資者開設互聯網上網服務經營場所，鼓勵開展在線轉播、網絡平台直播等新業務。與此同時，阿里體育宣佈將 WESG 全球總決賽永久授權重慶高新區、九龍坡區承辦。至此，重慶已經擁有 CMEG、SL-i CS:GO 國際邀請賽、WESG 全球總決賽等賽事的承辦權。2018年，Snake 戰隊宣佈將主場設在重慶。

重慶與阿里結緣，另一邊的成都則與騰訊關係密切。《王者榮耀》這款遊戲就由設立在成都的騰訊天美工作室出品，成都高新區與騰訊公司在 2017 年就簽訂了《騰訊智能產業、文創及電競項目投資合作協議》。除了與騰訊的合作之外，成都早在 2009 年就舉辦過 WCG 全球總決賽，2013 年舉辦 WCG 中國區決賽。2018 年，OMG 戰隊落戶在此。成都還在開發一些新型賽事，比如 2018 國際女子電子競技錦標賽邀請了來自全球超過 100 支女子電競戰隊。

膠州：北方電競之都

在膠州，關於電競產業的各種努力也發端於 2017 年。這一年，膠州城投建造了全國首座氣膜結構的電競館，用於引入阿里體育主辦的 WESG（世界電子競技運動會）亞太總決賽。2018 年，騰訊 TGA 大獎賽夏季總決賽也在這裏舉行，騰訊旗下 30 款遊戲的賽事集中於此。此後，WERC（世界賽車電競超級大賽）和 BREC（"一帶一路"國際電子競技大賽）兩個原創 IP 也落戶膠州。

膠州著眼於"中國北方電競之都"的定位，與其他地區不同之處在於，這裏並沒有密集的人流，也沒有一線電子競技俱樂部，更大的底氣來自交通優勢——新建的膠東國際機場在 2019 年開通後有望成為東北亞地區新的樞紐空港，膠州也由此成為連接日韓及太平洋地區的節點，在中國電子競技產業的國際化運作之中增加了很多可能性。

除了上述從全球到地方的"電競之都"外，武漢、長沙、廈門、珠海等地也都先後圍繞電子競技產業展開了各種行動。從地理人文特點上看，大部分城市有著共通之處：都是曾經網吧和網遊火爆的城市，普遍高校林立，電子競技群眾基礎廣泛，城市性格大多以安逸、休閒的文化旅遊氣質為主基調，在《英雄聯盟》賽制改變後接收了一線俱樂部的轉移而成為主場……從產業基礎上來看，這些城市的條件良好，服務業相對發達，也便於快速切入電子競技產業。

　　不到兩年時間，電子競技產業在全國各地點起一片熱火，可以視為電子競技的黃金時代到來，但也不能忽視其對整個行業帶來的更大壓力。說到底，電子競技產業的兩大引擎是**爆款遊戲**和**優質賽事**，在這之中找到適用於各自城市的連接點，將考驗產業政策制定者的智慧。更重要的是，**如何成為一座城市中廣受歡迎的良性文化力量，是擺在每一位電競從業者眼前的課題**。

第十一章

前所未有的 "新體育"

》 》

　　無論電子競技和體育的關係如何糾纏不清，當我們將其發展歷程理清之後，有一點無法否認：兩者都是社會文化現象，具備眾多契合之處，不僅體現在組織結構、賽事形態、觀看方式，更體現在社會、經濟和文化價值上。

　　電子競技的職業化、商業化，已經成為現實。它借用了很多現代體育和文化娛樂的模式，而且很多環節也超越了現代體育。不能簡單說它是不是體育，而是如何用現代體育的模式去安置它，因為當前沒有比現代體育更好的、能暫時適合它的模式，比如俱樂部和職業選手，比如遍佈全球的各級賽事體系。

　　有人提出，讓電子競技 "自成體系，獨立發展"，不要納入體育中來。給它一塊自留地，到底算不算一個好選項？**在資本力量的驅動下，電子競技已經對原有社會規範形成衝擊，因此更應藉助成熟的現代體育機制影響、引領其發展。**如果在兩者之間劃清界限，既不符合現實，也對未來不利。

從現代體育的角度剖析電子競技，它作為一種新的人類生活方式選項，在社會文化發展的進程中扮演著特殊角色，產生了正負雙面效應，與各種因素交織成錯綜複雜的關係。對電子競技正負效應的判斷，關係到它的社會認同和發展路徑，需要分析其作為現代體育"新成員"的特徵，也要重視它揮之不去的電子遊戲底色。

"後現代"體育

電子競技存在於現代體育和娛樂表演的交叉地帶，可以視之為"後現代體育"。後現代是概念複雜、眾說紛紜的社會思潮，在對電子競技的考察中，只取其部分核心觀點：**去中心化、多元取向和無邊界狀態**。

用"後現代"來形容電子競技，在於強調它的新身份、新特點。在某種意義上，"後現代"也是現代主義的階段特點和組成部分。電子競技可以理解為"後現代體育"，但還是處於現代體育的大框架之中。

將電子競技歸入"後現代體育"的語境，更在於它是社會文化的特殊角色。電子競技強調全球互聯、群體認同和個人體驗，全新的競技形態進一步體現了基於個體感受的多元取向，它有著與生俱來的獨特價值。

先不用急於定論這種價值"正確與否"，單就其與商業娛樂和大眾傳媒合併而生的巨大能量，就足以成為改造新一代生活方式的強有力工具。

文化價值：佔有與復歸

文化即人化，是人的本質展現。體育是作為人的獨特文化形態，具備顯著的文化價值。從文化價值的角度看，電子競技具備現代體育的特徵。

體育不僅僅是人類生物能量的開發和釋放，從根本上說，體育是對人的本質真正佔有的過程，是人向自身、向社會的"復歸過程"。[1] 這種復歸包括個體之間、個體與社會之間、團體與社會之間的關係建立和發展，同時也回應了人作為個體的心理、生理、社交、娛樂、信仰、秩序感、安全感、歸屬感等需要，體育與人的本質之關係，在這種復歸中也得以展現。

在信息過載的互聯網社會，人的自我迷失狀態顯得更加頻繁和明顯。就電子競技而言，由於其本身的虛擬性和虛構性所決定，人佔有自身與人的復歸感受可以在短時間內形成，給人造成的影響更加集中、迅速和強烈。從直接效果上看，電子競技的體育文化價值由此放大，並且恰到好處地對應著不斷更新的"後現代"社會氣氛和個人感受。

追求平等和文化多樣性。在一定的物質條件基礎上，電子競技

1　盧鎮元：《體育社會學》，高等教育出版社 2007 年版，第 242 頁。

包容不同的身份、地域和語言，主張自由平等和自我價值，更不反對文化例外和多樣性。其公平性主要包括賽制明確、規則公平、週期有序、追求平等，其文化多樣性主要體現在能夠容納各種遊戲類型和文化觀點。因此，**電子競技可以成為有效的跨文化溝通工具。**

電子競技之所以成為現代體育，第一道門檻就是賽制和規則，這是前置條件。無論項目本身的屬性和樣貌如何，作為體育項目，明確的賽制、公平的規則是其基本組成要素，在這一基礎上才能進一步實現相對的平等。這些都是電子競技規範化、規模化乃至產業化的必備條件，也是人們在參與電子競技運動中實現"佔有與復歸感"的起點。

勝負二元論。電子競技所崇尚的"勝者為王"，是勝負二元論的直接體現，迎合了競爭激烈的社會狀態，對應著部分群體逃避現實、尋求刺激的心態，他們用"另一個自己"的成功去彌補現實生活中的孤獨、失落與挫敗。

勝負二元論能夠產生精神動力。從狩獵、遊戲到戰爭、生活，競技文化貫穿始終、隨處可見，並成為人與自然抗爭、人類社會進步、人的生活狀態改變之動力。

在後現代的語境中，更加重視多元化和個體價值。勝利和失敗，都是撲面而來卻又急速褪去的心理體驗，賽事的多樣化也催生了成敗的多義性，使得心理體驗本身的價值在很多時候超越了勝負的終極意義。

英雄主義和社交存在感。電子競技的職業選手、業餘玩家、觀眾是具有相同趣味傾向的群體，他們在商業力量的圈養下，圍繞特定目標聚集，基於共識，形成共情，達成共樂。這是人的社會性投射到電子競技上的集中體現。

電子競技主要以戰隊方式開展對抗，凸顯了團隊分工合作的特點。在共同 "赴死"、追逐 "勝利" 的過程中，因角色設定、遊戲設計、偶發因素等原因，會出現力挽狂瀾的英雄，也會出現拖累團隊的弱者。在最後的勝利取得時，英雄主義的光芒會集聚，作為個體在團隊中的存在感會得到極化。反之，敗者的挫敗感、失落感也顯而易見。

最終，電子競技虛擬情境中的滿足感實現於現實生活，"虛擬勝利" 升級為 "現實成功"。獲勝的個人和團隊被推向榮譽的巔峰，融入競技體育的評價體系之中，也置入全場爆棚的情緒海洋。在消費主義盛行的時代背景中，還有什麼事情比一次超大規模的集體愉悅更難得呢？哪怕很短暫也好。

商業價值：娛樂與消費

不同的文化中，電子競技得到完全不同甚至對立的評價。互聯網文化熏陶下成長起來的新世代，無論是玩家還是觀眾，對待電子競技的態度相對積極。社會消費主力人群和年輕一代，讓電子競技成為巨大的商業娛樂平台。

電子競技對商業的迎合，也是其作為後現代體育的基本理由。在世界各地，人們依靠各種體育形式消磨時間、調整感受，也通過追隨偶像、購買彩票等方式，更深層更主動地介入體育。經過兩百多年的發展，現代體育已是商業娛樂的一部分。如果給電子競技冠以 "後現代"的名號，它的去中心化就決定了其自身的放逐狀態，尤其體現為對利潤和快樂的無限追求。

近年來，電子競技在商業娛樂業的體系中已發展出一個相對穩定的結構，主體劃分漸漸明晰，各種力量元素的組合與配合，讓電競行業漸成一派。分析這些主體的特點和功能，能看到電子競技作為現代體育的商業價值。電子競技產業鏈自上而下的一系列主體中，有三個與其他體育項目不盡相同：

第一個，遊戲廠商佔據著產業鏈的頂端，這是電子競技最大的特點。在一個電子競技單項之中，所有的規則、工具、基礎設施都由遊戲廠商制定和提供，遊戲廠商具備至高無上的話語權。

第二個，在各國各地區，電子競技的主管部門角色不一，有的是行業協會，有的是民間組織，也有中國的體育、文化等政府部門，這些機構的功能是使賽事規範、可持續運行（但是力量分散）。

第三個，電子競技的媒體以手機直播平台為主體，不同於以往體育轉播的電視渠道。手機直播平台完全顛覆了電視的傳播方式，無論是彈幕、評論、打賞等社交元素，還是個人頻道、直播房間的形態改變，新媒介手段已經成為電子競技的組成部分和吸引力所在。

以上三點體現出電子競技的內涵和外延都具備了文化娛樂的屬性，但它不具備一個定型的標準工具，這種不確定性也體現了泛娛樂化的特殊身份。

在泛娛樂化的基礎上，電子競技呈現出視覺化、劇場化和賽事化的特點，環環相扣、互相影響。

視覺化。視覺化所具備的符號和象徵意義，是消費主義興盛的魅力之源。電子競技是具有極強觀賞價值的對抗活動，主要載體是網絡遊戲，視聽效果來自動畫和影音技術，有著複雜的故事線和角色分工。一款主流網絡遊戲的內容體量甚至超過一部電影或電視連續劇，讓職業選手、業餘玩家和觀眾沉浸在虛擬或虛構的情景之中。

電子競技的線下實體賽事是其存在於體育領地的重要現實保障。視覺化的傳播特點建立起集中觀看賽事的形式基礎，視覺感受營造的強烈情感認同是集中觀看賽事的心理基礎，兩項基礎的疊加引出參與人群的消費投入、購票觀賽、集中支持等一系列行為，進一步推動了電子競技實體賽事的劇場化效果。

劇場化。劇場化的樣式，套用了集體觀看、集體活動甚至集體狂歡的娛樂消費模式。去現場觀看體育賽事，是歐美國家的文化傳統；去劇院（或集中於某處）看演出，則是人類社會普遍的文化習慣。電子競技比賽的劇場化呈現，打通了賽事和演出的連接，它不僅僅是體育賽事，或者，與其說它是體育賽事，不如說是巨大的娛樂秀。這種吸引票房和贊助的形式，在傳統體育賽事中也長盛不衰。

與線上的流量轉化並列，劇場化運營也成為電子競技商業模式的重要組成部分，眾多個體在物理空間中聚合成趣味相投的整體，參與令人難忘的時刻，表達各自的強烈情感，形成群體認同和群內關係。有了規模巨大的群體投入與消費支持，電子競技的產業之路日漸開闊。

賽事化。電子競技賽事模式的建立，要歸功於產業巨頭的商業行為。無論是 2000 年韓國電子產業巨頭三星公司策劃並實施的 WCG，還是維爾福公司主辦的 Ti 賽事和拳頭公司主辦的 S 系列賽，都是電子競技的頂級賽場，也是賽事化的最高體現。這裏需要強調的是，**電子競技的線下賽事極其重要，這是它區別於網絡遊戲的物理前提，也是產生更大產業價值的重要手段。**

除了表面的賽事形態之外，賽事化的內核是職業化。過去十幾年間，各類電競職業戰隊和選手依次登場，明星效應逐漸產生，不僅是現代體育的商業價值體現，也極大提升了電子競技的娛樂性、影響力和覆蓋面。

社會價值：調節與治理

現代體育已成為一種具體的文化形態，不同觀點甚至不同意識形態的人匯集在一個共同空間。這個空間可能是實際存在的，比如奧運會和世界盃足球賽；這個空間也可能是虛實並存的，比如電子競技的線上和線下賽事。

從意識形態的角度看，體育的社會價值由人文主義做支撐。人文主義長期崇拜人類的生命、情感及慾望：每個人都是獨一無二的，每個人的精神世界是自由且可貴的。

單單從遊戲項目的選擇來看，無論是普通玩家還是職業選手，都可以從零起點開始，根據自身的喜好或者戰隊的需求出發，自由選擇或者變更遊戲項目。任何一項體育運動都會強調某一種身體機能的特殊要求，電子競技主要強調思維、反應、手速和配合。追求身心愉悅的精神目標，使得粉絲群體在參與電子競技的各個環節中，能夠迅速簡便地獲取心理反饋和情緒體驗。

從調節的角度看，電子競技所面對的主體是青少年人群，既體現為情緒的連接，也形成了能量的轉移，進而實現了行為的干預。

先看情緒連接。在電子競技形成的虛擬空間裏，參與者建立起趨同的價值指向。電子競技中的人物設定普遍具備去生理化、神化、理想化、英雄化等特點，與青少年人群的壓力感、想象力、衝動性和不穩定性等特點相結合，產生情緒連接，這也是電子競技參與者普遍認同的"壓力釋放"功能。

再看能量轉移。暴力是網絡遊戲和電子競技的賣點之一，但這並不能成為否定它們的直接理由。消費暴力，是商業社會和成人世界的常見主題，而對於青少年人群則應該設立"防火牆"。參與者對暴力的體驗，在電子競技項目中可以得到很大滿足。儘管影視中也有一些暴力內容，但是從主動性、參與感、反饋程度來看，電子競技的角色認同度相對更高。這種超現實、過度理想化的體驗，一方面能夠轉移參與者的爆發、憤怒、焦躁等能量；另一方面，也有可能形成心理暗示，放大這些能量的負面效果，但這因人、因時、因事而異，需要區別對待、理性分析，不能一概而論。

最後看行為干預。以觀看或操作等各種方式參與電子競技的過程中，相關個體或群體可以強化自我效能感，並以此提升人的能動性，通過自我調節控制自己的行為。班杜拉 [1] 認為，自我效能感是人們對自己實現特定領域行為目標所需能力的信心或信念，影響著人們的行為選擇。在電子競技的參與者中，自己獲勝（或支持主隊獲勝）是直

---

1 阿爾伯特·班杜拉（Albert Bandura，1925— ），新行為主義的主要代表人物之一，社會學習理論的創始人。

接目標，這種目標刺激下的自我效能感所激發的行動過程，能使個體創設期待的環境並加以控制。個體傾向於逃避自己效能範圍之外的活動和情境，而承擔並執行那些他們自己認為能夠做的事。[1]在一定程度上，對青少年群體形成目標感並付諸行動，電子競技起到了正向的行為干預效果。

就成年人群而言，由於其對自身的認知達到相對成熟狀態，控制能力和行為目標相對穩定，上述三點體現得並不明顯。對於這個群體，電子競技的社會價值更多地體現在社交方式和群體認同。電子競技所依賴的虛擬遊戲空間和現實賽事空間，提供了另一種社交方式，可以形成群體成員的心理基礎，具備相同志趣、品味和文化需求的人群因此在線上線下聚集，捲入到自我概念化和群體行為之中，滿足有機體對適應性的基本需求。

簡單地說，成年人有可能因一款遊戲和一類電競賽事走到一起，結成友誼，尋獲愛情。對於年齡更長的電競邊緣群體，某一款遊戲甚至承載著所謂的青春記憶和無盡感懷。

延展到更高層次和更廣領域，電子競技可以作為體育外交的優質載體，在全球青年群體中形成與時俱進的體育賽事平台，與百年奧運等傳統經典手段互為補充。

從治理的角度看，電子競技對青少年和成年用戶群體都能起到控制作用。作為娛樂項目，它吸附了足夠龐大的人群。由於網絡傳輸的便捷性、遊戲設計的吸引力等原因，其推廣運營的單位效率和覆蓋面

---

1 雷靂、張國華、魏華：《青少年與網絡遊戲》，北京師範大學出版社 2018 年版，第 65 頁。

明顯高於戲劇、電影和傳統大型體育項目，尤其是能夠有效吸引男性群體長期投入其中，並成為一部分底層人群的上升通道，也可將其視為促進社會穩定的調壓閥。

人群吸附功能實現控制作用。目前，電子競技的主流遊戲中，戰爭元素對目標人群的吸附力量強大。在視覺上，刀光劍影、光怪陸離的打鬥畫面是其標配；在內容上，捉對廝殺、你死我活等對抗邏輯是其本質。在這種來源人性、超脫現實的模擬工具中，人的團隊歸屬感、戰鬥榮譽感，以及暴力的正義化和合法化，還有遊戲內核中精心設計的強化玩家好勝心態的邏輯，各種因素交匯形成了強大的引力，吸附了敢於嘗鮮、尋求刺激的青年人群。與此同時，電子競技賽事的樣式越來越像演唱會，幾萬人聚集一堂振臂歡呼，讓人樂在其中。

上升通道功能美化治理效果。在體育運動的歷史長河中，電子競技屬於新生事物，它的出現是體育影響社會發展的一個明證。在現代體育大家庭裏，電子競技的象徵性更具時代感，意味著在自由競爭的市場上只要足夠刻苦，人人皆可獲得資本。在中國，電子競技早期參與者和成功者，中西部地區的輟學者、網遊高手中的極少數人，不同程度地在這個上升通道中獲取紅利，形成階層流動，成為勵志故事，影響特定群體。

"反體育" 基因

　　長期以來，業外人士等群體對電子競技普遍具有負面情緒，在如何以體育看待電子競技的問題上，也是眾口不一。循著反對者的邏輯，也可以嘗試剖析電子競技與生俱來的 "反體育" 基因，探尋它缺乏廣泛社會認同的症結所在。

心理上：虛擬情境和特定群體

　　從心理角度來看，電子競技既有合作、競爭、賞識等正向特點，但是由於其依賴的虛擬或虛構環境所決定，負面效應也顯而易見，對青少年群體產生一定程度的消極影響。這也正是電子競技（或者說其中的網絡遊戲成分）為社會主流話語體系所懷疑、詬病的重點之一。

　　表面上，電子競技是選手控制各類虛擬角色開展對抗，是在進行一種可見的競技；實質上，電子競技給參與者帶去的體驗更多是心理活動。這種心理活動讓參與者形成一個特定的群體，在虛擬情境和特定群體之間，具備了產生一系列負面效應的可能性。

　　虛擬生存的極化效應。電子競技的對抗平台是虛擬甚至虛構的，參與者代入的角色也是神化、暴力化的，在現實生活中大多無法找到對應（也只有這樣超越現實才會大受歡迎）。比如，電子競技主流項目中的 "英雄"，這些虛構角色很好地對應了人們脫離現實的幻想，在一個接近完美或者充滿奇幻的神話世界中放入自身的角色，得到完全不同於現實狀態的體驗。這是電子遊戲和電子競技的基本特點，從正面來看是吸引力所在，從反面來看是極化效應的體現。

虛擬生存中產生的角色極化效應，承載著虛無主義的心理投射，參與其中的青少年可能通過這種極化效應沉浸於豐富幻想和新奇體驗。其中一部分自我控制能力較弱的人群，在習慣了網絡生存和虛擬勝利之後，會逐漸遠離充滿不確定性的真實社交，埋頭於數據構築的另一個世界之中。

客觀地看，電子競技如果過度介入人的現實生活，會分散其對現實的注意力，影響親密關係，造成自我意識極化。這不僅僅是電子競技的問題，沉迷社交軟件、手機低頭族都反映出互聯網社會現實中人與數據的博弈。只要人接入互聯網，這種博弈就無處不在。

脫離現實的心流體驗。美國心理學家米哈里·希斯贊特米哈伊（Mihaly Csikszentmihalyi）提出了"心流"（原名）理論，他將其稱為"幸福科學"。在這個理論框架中，心流是一種特殊的幸福形式，是創造性成就和能力提高帶來的滿足感和愉悅感。這一理論被廣泛用於對遊戲的解釋之中。

然而這是過去 30 多年間的狀態，關於遊戲的討論更多地建立於人與人之間在現實客觀世界中的活動，很少涉及如今高度虛擬的電子遊戲狀態。比如，希斯贊特米哈伊最愛引用的誘發心流的例子是下棋、打籃球、攀岩和雙人舞。[1] 顯然，這是傳統體育的範疇，即便下棋還處於角色模糊地帶，但也沒有對應到任何一款電子遊戲。

----

1 〔美〕簡·麥格尼格爾（Jane McGonigal）：《遊戲改變世界》，閭佳譯，北京聯合出版公司 2016 年版，第 37 頁。

一旦將心流理論引入電子遊戲領域，就脫離了它的原始出發點。電子遊戲帶來的心流體驗，最強烈之處在於其脫離現實，更具負面效應之處也在於其脫離現實。這種現實脫離感，很難在遊戲和生活之間建立起平衡和轉換，遊戲用虛擬體驗的心流改造生活體驗，並試圖擠佔現實生活，但這並不能豐富現實體驗。這是"網癮少年"的心理觸發特點表現之一。

也就是說，心流不完全是對應幸福的，尤其是當它嚴重脫離現實之時。同時還要看如何定義"幸福"，主流價值觀顯然無法接受將幸福簡單定義為遊戲中的無堅不摧、號令天下、封王稱后。這種幸福如果可以轉化到現實生活中，則另當別論。

因此，電子競技在體育語境下的重要挑戰是：如何與現實連接，建立起基於現實生活的心流體驗。走到線下開展賽事，讓人群在現實中集聚，為了共同支持的戰隊站在一起；戰隊獲取勝利贏得聲望和獎勵，圍繞賽事運行的各個環節獲取市場回報；整個體系實現文化娛樂功能，這些都是電子競技向現實生活轉向的積極手段。此外，研發、推廣並使用基於真實活動的電子體育項目，比如球類、賽車等"真實電競"，豐富電子競技的組成結構，也是值得探索的領域。

相對複雜的群際關係。群體表現出來的感情不管是好是壞，其突出的特點就是極為簡單而誇張，所造成的結果是，它"全然不知懷疑和不確定性為何物"。[1]不同遊戲粉絲群體內，會因為共同的喜好和目標形成小群體認同。這種小群體認同建立在具體的某一款電子遊戲之

---

1 〔法〕古斯塔夫·龐勒：《烏合之眾：大眾心理研究》，馮克利譯，中央編譯出版社 2015 年版，第 24 頁。

上，遊戲本身特有的規則、模式確立了一個認知邊界，將粉絲與非粉絲隔離開來。也就是說，一個人在一個階段一般只會鍾情、擅長於一款或者少量的遊戲項目，而不是通吃。因此，不同遊戲之下聚集了各自的小群體。

在"電子競技"的大概念下，多個遊戲的小群體認同會形成更大規模的群體凝聚力（group cohesiveness）。這種群體凝聚力會因為外力的作用而變化。在平常狀態下，這些小群體之間並沒有牢不可破的認同感，一些時候還會展現對立態勢，比如《刀塔》粉絲和《英雄聯盟》粉絲之間長久以來保持著一種穩定的"互相不服"態勢。一旦這種小群體認同從大眾輿論的態度中感受到惡意或者反對傾向，比如輿論對電子競技的合法性提出質疑時，小群體之間會連接成同一志趣的更大規模群體，從而形成群際分化（differentiation），"這個過程會將自身與其他內群成員的相似性最大化，也會增強或誇大群體之間的差異性"。[1]

通常，電子競技粉絲群體會強化自身對遊戲項目和選手戰隊的支持與擁護，更加強烈地表達認同，與非電子競技粉絲群體形成衝突，形成相對複雜的群際關係。這一點與友好而開放的傳統體育相去甚遠。不過，在電子競技粉絲群體規模可觀且不斷擴大的情況下，這種關係會逐漸消解於代際更替之中。

---

1 〔澳〕邁克爾·A·豪格、〔英〕多米尼克·阿布拉姆斯：《社會認同過程》，高明華譯，中國人民大學出版社 2011 年版，第 66 頁。

生理上：對身體因素的弱需求

　　身體因素是體育運動的基本要義，體育離不開身體的運動。儘管在體育項目中很早就加入了棋牌類智力運動、射擊類等輕運動量項目，甚至在奧運會中還有過熱氣球項目，但是在覆蓋大規模人群的大型體育賽事中，從來沒有出現過電子競技此類身體因素佔比如此之低的項目。生理方面的弱需求主要體現為以下三點：

　　沒有充分的身體運動。符合本能需求的運動能使人產生滿足感，從而產生快樂的情緒體驗，這是自然界的應有之義。另一方面，運動超過一定強度和負荷後會讓人產生疲勞，這是生物進化中的保護性抑制機制，也是我們所謂的"勞逸結合"、"動靜結合"，體育運動自然是帶來"運動之樂"，而非"伏案之樂"。

　　電子競技因其久坐、伏案、操作電腦等特點，受到傳統體育項目捍衛者的強烈質疑，反對觀點認為：電子競技弱化身體，而不是強化身體，與體育的初衷相去甚遠。

　　電子競技是選手在屏幕上的對抗和軟件中的廝殺，具體到人的身體運動主要集中在手部，屬於低運動量的活動。儘管身體激素水平、耗氧狀態會因比賽的激烈程度而變化，但是電子競技的樂趣更多來自感官刺激和心理變化，而非身體在高強度運動中產生的有機生化反應。

　　缺乏人與人的直面接觸。英國教育學家赫伯特·斯賓塞曾經對"用腦過度"提出過批評，他認為人應該活得"生機勃勃"。[1] 在傳統

---

1 〔英〕赫伯特·斯賓塞：《教育論：智育、德育和體育》，王占魁譯，中國輕工業出版社 2016 年版，第 183—184 頁。

體育運動中，人與人的直面接觸是生機勃勃的體現，也是減輕腦力勞動負擔、將人轉向體力活動、避免"用腦過度"的實際做法。這種直面接觸，不僅能夠實現身體的運動，更重要的是增強人際溝通，形成運動文化，感受活動樂趣。

孤獨是人必須面對的個體經驗。在一定程度上，體育運動可以消減孤獨感，尤其是足球、籃球等團體協作型運動。電子競技也具備團體協作的特點，這種協作更多地依靠屏幕、耳機等外部設備傳達信息、形成反饋，而不是人與人之間直接面對面的身體活動。

比較而言，電子競技的團體協作藉助了計算機系統，更多地體現為人機對話，或者是由機器"轉達"的人際對話。在電子競技中，整個比賽過程都是個體面對屏幕的狀態，更加重視指令溝通、反饋與操作，相對忽視身體活動與人際互動。

強化互聯網對身體的束縛。以互聯網技術為代表的現代文明，在提供各類便捷手段的同時，也不斷加強對人類身體的束縛。手機、電腦等物質工具已經成為人的"外置器官"，用於輸送感知、情緒和經驗，降低了原本的肉體價值和感性體驗，萬年以來人類賴以生存發展的身體技能趨向弱化，肌肉飢餓、運動不足等"文明病"成為人口健康的隱患。

長久以來，體育的根本出發點是"重新打造身體"。無論是在中世紀的歐洲還是當下各地的學校中，體育的目標都是讓人得到放鬆，"以便因嚴肅和持續學習而疲憊的精神能得到恢復和汲取新的力量"。[1]

---

1 〔德〕沃爾夫岡·貝林格（Wolfgang Behringer）：《運動通史：從古希臘羅馬到 21 世紀》，丁娜譯，北京大學出版社 2015 年版，第 143 頁。

然而，互聯網生存狀態下的人類更多偏向於尋求舒適方式、減少位移狀態，將閒暇時間投入到身體狀態相對靜止的網絡世界中以實現個體的存在感，而非從運動場地上尋求滿足感。

這個問題要從多個角度看待，對於國內現狀而言，存在的原因包括東西方運動文化的差異、城市化進程中體育設施的匹配度不夠、教育體系對體育運動的重視程度不高等等，這些並非電子競技的特有情況，而是整個社會的普遍問題，電子競技（尤其是電子遊戲）只是突出表現之一。

文化上：人化與數字化的博弈

電子競技是互聯網化程度極高的人類活動形式，體現了網絡社會高度發達條件下的體育觀，對抗可以通過網絡實現，就像人要依靠網絡生存一樣。從本質上講，互聯網徹底改造了人類社會的狀態，體育和競技的狀態也會由此發生改變。

從電子競技的文化本質上來看，它是現實虛擬的文化（culture of real virtuality），強調人機關係和以“機”為紐帶的文化。它需要人通過機器進入賽場，人的加入讓機器的對抗過程“人化”。最終的勝利，表象上是人的勝利，本質上是機器的勝利、數據的勝利。因為電子競技加入體育版圖，不可避免出現“競技數字化”和“人的機器化”，一定程度上代表傳統體育文化的轉向。

網絡生存和體育運動在很大程度上是對立的。網絡生存是人通過操控機器、藉助網絡建立連接，實現社會性的存在；體育運動是人在物理空間內、通過具體設施設備，實現生物性和社會性的雙重存在。

純粹的體育項目大多具備基本運動器械，電子競技同樣遵循此道，但是從形態上發生了變化。電子競技所有的運動器械都轉移到計算機軟件和硬件構成的虛擬情境之中，以網絡遊戲的形式存在於普羅大眾之間，形成了電子競技的基礎人群。沒有網絡遊戲的廣泛傳播，就沒有電子競技的立足之地。因此，計算機成為電子競技的"運動器械"，互聯網成為電子競技的"運動場"。

互聯網的普及程度考驗電子競技的平等性。由於電子競技必須依靠專用設備和互聯網，如某些觀點所說的"電子競技人人可參與，年齡、性別、體質、人種都不會成為阻礙"，而最大的阻礙被選擇性忽視了：高配置個人電腦（手機）和高速寬帶，以及這些基本條件所產生的直接門檻。

據中國互聯網絡信息中心（CNNIC）在北京發佈的第 43 次《中國互聯網絡發展狀況統計報告》，截至 2018 年 12 月，中國網民規模達 8.28 億，普及率為 59.6%。在世界範圍，互聯網覆蓋率不超過 50%。無論是中國還是世界，都有四成以上的人尚未接入互聯網，更不論參與電子競技。這一點，與選項豐富、狀態多樣的傳統體育運動相去甚遠。

機器的標準與人的標準混雜。面對虛擬競技，人的標準會超脫於現實，甚至與現實背離。在電子競技的文化體系中，始終樹立著崇尚殺敵的超現實道德標準。過度暴力傾向、心理空間碎片化、情緒效能分散、獨立於社會主流話語之外，這些都是超現實道德標準的體現。

在電子競技的發展初期，因遊戲設計來源於生活又超越了生活，超現實道德標準可以得到強烈的正向反饋。但是，當得不到現實生活實質回應時，這種道德標準會帶來認同感的弱化，形成心理空間的碎片，參與者的情緒效能呈現比較分散的"弱凝聚狀態"。這是電子競技與體育運動本質上的文化對立，也是人化與數字化的對立。

電子競技的廣受歡迎是人文主義危機的直接體現。"數碼轉型對現代社會甚至現代文明的文化生態構成了整體性的改變，這是一次具有革命性的廣度和深度的全球變化。"[1] 電子競技也是人的"數碼轉型"，人的娛樂休閒活動產生了整體性的顛覆，"人化"的進程不再顯著，"數字化"的浪潮從未停歇。人的思想和行為全部被轉譯為數據，這是電子競技在互聯網文化中的存在形式，也是其反體育基因的深層次體現。

1　林品：《全球連接·數碼轉型·後人類主義：戴錦華專訪》，《文藝報》2016 年 1 月 13 日。

第十二章

特殊的
媒介

》》

　　媒介，是現代社會文化傳承的工具，也是人的社會化的重要外部條件。電子競技從萌芽到發展，與媒介的關係密不可分。

　　從大眾傳播效果來看，電子競技是媒介發展到一定階段與技術、文化、商業相結合的產物，它本身也是人類自我的延伸，是審美和信息符號，是傳播媒介。

　　從外在形態和運行邏輯來看，電子競技更多地依靠頭腦、眼睛、耳朵等身體器官和鼠標、鍵盤、屏幕等外部設備共同完成信息傳輸，這些特徵使之成為特殊的媒介。

　　談及媒介，可以從一批思想家和傳播學者的共通觀點入手。卡爾·波普爾（Karl Popper）[1]、喬治·格布納（George Gerbner）[2]、尼爾·波茲曼（Neil Postman）[3]，西方學界三代人對電視這一大眾媒介展開了

1　卡爾·波普爾（Karl Popper，1902—1994），理論家、哲學家，批判理性主義創始人。
2　喬治·格布納（George Gerbner，1919—2005），傳播學者、"培養"理論的提出者。
3　尼爾·波茲曼（Neil Postman，1931—2003），媒體文化研究者和批評家。

持續批判，認為其傳播內容千篇一律地充滿了暴力及刻板印象，並不符合真實世界。觀眾日積月累地接受這種信息，久而久之便會受到影響，對世界產生扭曲的印象，其受影響的程度由電視接觸量決定。

確實，大多數的媒體在扮演著"講故事"的角色，不論是以故事、神話、新聞還是娛樂的形式，通過持續性重複，不斷向新一代人傳承文化，同時界定著我們生活的世界以及合法化一種特定的社會秩序。在 20 世紀的後期，大部分時間內扮演著向大眾講故事這一角色的是電視，而對於中國現今的青少年來說，充當這一角色的或許是網絡，或者網遊。[1]

上世紀後半期的電視和本世紀的網絡遊戲，在諸多方面有著近似之處。按照波茲曼的觀點，一種重要的新媒介會改變話語的結構，"電視創出來的認識論不僅劣於以鉛字為基礎的認識論，而且是危險和荒誕的"。[2] 波普爾則強烈地認為，"電視加速了人類道德的沒落，帶人類衝下文明的斜坡"。[3] 這種表述，與過去 20 年中國大眾媒介對電子競技（尤其是網絡遊戲）的主流態度是相近的。時至今日，在不少人眼中，電子競技就是網絡遊戲。態度指向的是電子競技這一新媒介所在的符號環境，"決定性地、不可逆轉地決定了符號環境的性質"。

在體育傳播和娛樂產品的交匯處，電子競技製造了全新的符號環境，也是新的思想工具。它帶著明確的媒體屬性，披著體育運動的

1　陳韻博：《暴力網絡遊戲與青少年：一個涵化視角的實證研究》，暨南大學出版社 2015 年版，第 218 頁。

2　〔美〕尼爾・波茲曼：《娛樂至死》，章艷譯，中信出版社 2015 年版，第 31 頁。

3　〔英〕卡爾・波普爾：《20 世紀的教訓》，王凌霄譯，中信出版社 2015 年版，第 73 頁。

外衣，佔據著青年一代社交、娛樂的中心。從媒介發展的時代背景來看，電子競技的興起依賴於視覺文化的繁榮、新人類的屏幕化生存、專業媒介的壯大，同時也在大眾媒介捧殺交加的風雨中前行。

雙重鏡像

麥克盧漢[1]對傳播學的巨大貢獻濃縮成一句話：媒介即訊息 ——

> 所謂媒介即訊息只不過是說：任何媒介（即人的任何延伸）對個人和社會的任何影響，都是由新的尺度產生的；我們的任何一種延伸（或曰任何一種新的技術），都要在我們的事務中引進一種新的尺度。

作為媒介的電子競技，首先是人的遊戲本能的延伸，其次也是新的技術和尺度對社會產生新的影響，這種影響具有雙重性。將電子競技做一些必要的拆分，可以看到，遊戲項目本身就是一種媒介，圍繞遊戲、賽事又搭建出另一層面的媒介。

所以，在電子競技的媒介身份中包含著雙重鏡像，這也使得它的社會形象變得更加複雜。

---

1 馬歇爾·麥克盧漢（1911—1980），加拿大哲學家、教育學家、文學批評家、傳播學家，預言了互聯網的誕生。

首先來看遊戲項目本身的媒介身份。各類遊戲都是形式和內容的統一體，MOBA 和 FPS 具備明確的地圖、場景、裝備、人物角色，這些都是遊戲的形式；每一款遊戲也有各自的發生背景、故事線甚至人物小傳，這些都是遊戲的內容。但都僅僅是遊戲本身具備的非人為媒介因素。

一旦有了人的加入，媒介身份就有了新的鏡像產生。比如，MOBA 類項目都會顯示實時文字對話框，提供語音通道，這種文字、語音的形式組合，配以畫面上的英雄打鬥現場，就成了一個不折不扣的媒介產品，涵蓋了文字、圖像、聲音這三項基本媒介手段。因此，遊戲軟件本身的設定和遊戲者介入之後形成的立體感，就是電子競技媒介身份的第一重鏡像。

第二重鏡像尤顯熱鬧，並且是產業化的重要條件。圍繞遊戲項目、賽事體系，產生了一大批"另一種形式和內容"的存在，尤其是電子競技的專業媒體。在此之中，直播平台是最重要的一環。

2011 年 6 月，27 歲的華裔美國人賈斯汀·坎（Justin Kan）將自己創辦的直播網站 Justin.tv 的遊戲直播業務剝離出來，這就是 Twitch，在線遊戲直播領域具有決定性意義的產品。2014 年，Twitch 被亞馬遜以近 10 億美元的價格收購，中國的互聯網創業者開始了新一輪的模仿大戰。

在此之前，中國電子競技的傳播主要依靠"傳統模式"，從報刊到網絡，中間還夾雜著時斷時續的電視頻道。在直播出現之前，電視是電子競技最合適的傳播渠道，但也是電腦遊戲產生複雜社會影響的難點所在，尤其是對未成年人的影響不容忽視。

2004 年 4 月 12 日，當時的國家廣播電影電視總局發出《關於禁止播出電腦網絡遊戲類節目的通知》，明確要求 "各級廣播電視播出機構一律不得開設電腦網絡遊戲類欄目，不得播出電腦網絡遊戲節目"，這一通知出台的背景是 2004 年 2 月 26 日，中共中央、國務院以中發〔2004〕8 號印發的《關於進一步加強和改進未成年人思想道德建設的若干意見》。

由此，已經受到遊戲粉絲廣泛關注的一批遊戲類欄目全軍覆沒，其中包括中央電視台體育頻道的《電子競技世界》、旅遊衛視的《遊戲東西》和北京電視台的《遊戲任我行》等。

遊戲節目禁令並沒有影響到付費頻道。在上海文廣互動電視有限公司（SITV）的數字電視平台上，遊戲風雲頻道（GamesTV）成為中國電子競技的 "黃埔軍校"，一批編導、主持人、嘉賓成為日後活躍在電競產業一線的重要力量。

在電視渠道難以實現傳播的情況下，視頻網站的興起給電子競技帶來新的媒介工具。在優酷網，一些電子競技頻道逐漸產生，主要內容是遊戲畫面錄屏後經過剪輯、配音的賽事錄像或集錦。很快，在線視頻的強大媒介功能替代了電視，因其模式新鮮、受眾年輕，而且沒有實現分級，甚至為電子競技獲得了更廣泛的青少年基礎。

網紅主播也由此誕生。他們通過解說遊戲聚集粉絲，在此基礎上開設淘寶店，推廣自己的品牌和商品，售賣遊戲設備、食品和日用品。粉絲則用購買表達支持。當時，移動互聯網尚未普及，人們還習慣在電腦端觀看、消費。隨著手機這一全新媒介的闖入，催生了規模浩大的直播風口。

2014 年，彈幕視頻網站 AcFun 旗下的直播分享網站 "生放送"
改名為鬥魚 TV，專注於電競直播業務。同年，擅長語音服務的 YY
遊戲直播改名為虎牙直播，浙江報業集團旗下邊鋒集團的戰旗 TV 成
立。此後，國內還出現了熊貓、火貓等直播平台，專注於二次元文化
的 B 站也在不斷加強直播業務比重。

至此，電子競技在自身媒介屬性之外的 "另一種形式和內容"，
基本完成了建構，實現了從傳統媒體到新媒體的全覆蓋。作為特殊的
媒介，電子競技的雙重鏡像得以強化，形成了獨特的風格氣質。

線上直播平台是電子競技的基礎渠道，也是電子競技得以興盛的
技術保障。本書前面的部分，更多地在討論線下賽事，因為從形式上
最接近體育。如果要準確定義電子競技的形態，線上線下缺一不可，
在大部分時候線上的比重會遠遠大於線下。但是，線上直播平台亂象
叢生，主播素質參差不齊和流量造假是最突出的問題所在。所以，線
下比賽是電子競技建立社會認同、形成產業效益的重要工具，令人不
得不重視。這一點，類似於自媒體和傳統媒體的關係，後者更具地位
感、儀式感和真實感。

屏幕化生存

一切遊戲都是人際交往的媒介。[1] 作為媒介的電子競技，將信息符號轉化為消費樂趣與流行情感。它的信息符號集中體現為視覺文化。

視覺文化是消費社會最強大的文化。歷史上沒有任何一種形態的社會，曾經出現過這麼集中的影像、這麼密集的視覺信息。[2] 視覺文化是人類感性認識方式的體現。人類感性認識方式隨著整體性的生活方式改變而改變，受制於歷史條件。**在互聯網時代，視覺文化是人類突圍、造夢、安放自我的感性溫床。**

當下，視覺文化在新媒體環境中體現為跨年齡、跨階層、跨文化的"屏幕化生存"，人們從屏幕中獲取信息、確認自我、形成身份，這種生存方式已發展成為社會生活中的普遍狀態。手機、平板、電腦、電視、銀幕、戶外屏等組成了多屏傳播生態，以各類影像為基礎的視覺內容在多樣渠道和多元載體上運營、傳播。以屏幕作為主要載體、帶著強烈新媒體屬性的電子競技，更能適應"屏幕化的人"的社會性需求。

美國南加利福尼亞大學電影藝術學院教授安妮·弗里德伯格（Anne Friedberg）在《虛擬視窗》一書中專門探討了屏幕的特性，認

---

1 〔加〕馬歇爾·麥克盧漢：《理解媒介 —— 論人的延伸》，何道寬譯，譯林出版社 2011 年版，第319頁。
2 〔英〕約翰·伯格：《觀看之道》，戴行鉞譯，廣西師範大學出版社 2015 年版，第 184 頁。

為從非屏幕到屏幕文化轉變的本質在於觀看方式的變化——一種現代性的虛擬移動視域，並由此帶來認知方式與傳播方式的變化。在她看來，"虛擬"可早溯到 19 世紀末柏格森 **1** 所賦予的形而上義涵，即虛擬是創造與進化的動力之源，是本體意義而非只是媒介意義上的。

而她所謂的"移動"，是與文藝復興時期阿爾貝蒂 **2** 所創立的矩形視框、單點透視、線性敘事與靜止觀者的繪畫視覺機制相對的，是多元的、非線性的、流動的視域。從 19 世紀巴黎的拱廊街開始，櫥窗的多重視域、"閒逛者"的"移動的凝視"便已喻示著現代消費主義社會及晚期資本主義的必然視覺認知模式，而數字技術下這種多重流動的視覺認知模式得到了全然的展露。 **3**

這裏談到的拱廊街、閒逛者、移動的凝視，都是人類視覺行為最早與資本主義、商業社會結合的概念，來自本雅明 **4** 的美學理論。這個冷靜的猶太人對視覺文化進行了極富預見性的研究和批評。19 世紀 20 年代開始，巴黎出現了一批新式商店： **5**

> 用玻璃做頂、地面鋪的是大理石；
>
> 通道兩側盡是些高雅奢華的商店，光亮從上面投射下來；
>
> 這樣的拱廊街是一座小型城市，一個小型世界。

1　亨利·柏格森（Henri Bergson，1859—1941），法國哲學家，曾獲諾貝爾文學獎。代表著作有《創造進化論》、《直覺意識的研究》、《物質與記憶》等。
2　阿爾貝蒂·利昂納·巴蒂斯塔（Leone Battista Alberti，1404—1472），意大利建築師、建築理論家，文藝復興時期最有影響的建築理論家。
3　Anne Friedberg. The Virtual Window: From Alberti to Microsoft, MIT Press, 2006, p.10.
4　瓦爾特·本雅明（Walter Benjamin，1892—1940），德國哲學家、文藝批評家、散文家。
5　相關內容引自瓦爾特·本雅明：《閒逛者》。

1840 年前後，帶著烏龜在拱廊街裏散步一時成了時髦，閒
逛者情願讓烏龜給自己定步子。

閒逛者具有由 "追逐個人利益時的那種不關心他人的獨往
獨來" 而來的空虛。

波德萊爾在巴黎，查爾斯·狄更斯在倫敦，都曾是這種漫步在城
市中的 "閒逛者"，四處張望，細緻觀察。狄更斯甚至 "在十字路口
感受著殉教般的痛苦"。

在本雅明看來，大城市的人際關係更多在於眼睛的活動。這是商
業社會視覺文化的萌生，也奠定了人們一路走來的城市文化基礎。只
不過在一個多世紀後，這種眼睛的活動更多聚焦於屏幕之上，人們不
再願意更多嘗試現實中的觀看試探（就像不可能再有人牽著烏龜去逛
街），而是將更多的視覺衝動轉移到屏幕之上。千變萬化的屏幕，比
常年不變的街頭風景，實在要刺激得多。

更重要的是，這種觀看可以由自己掌控（或者看上去是這樣，這
裏忽略了藏在屏幕背後的內容生產者，比如遊戲廠商、影視業者），
在一個專屬自己的屏幕之前，幾乎不用考慮他人的感受。本雅明的
預見穿透了近百年。到 21 世紀，城市已被屏幕歸化，人類也被屏幕
馴服。

依託屏幕的傳播和依賴屏幕的認知，成為 "屏幕化生存" 最基礎
的信息消費方式。在這種習慣的養成和迭代傳遞中，屏幕化的視覺媒
介能夠直接對應已經屏幕化的人，兩者形成一種攜手共存、互相映射
的狀態。電子競技具備的對話框、公告板等社交網絡功能，英雄裝備

商店等購買平台，以及與之配套的專業新媒體平台、玩家交流平台等媒介屬性，也通過屏幕體現，並經屏幕放大，成為不折不扣的新型視覺媒介。

　　說到這裏不禁要問：在遊戲中買裝備，難道不就是另一種拱廊街閒逛？

超真實世界

　　"後現代"的電子競技，與"超真實"這一後現代概念有著重要關聯。被稱為"後現代主義大祭司"的鮑德里亞[1]提出，"超真實"不是對真實的背叛，而是指一種比真實更真實的超級真實狀況。

　　鮑德里亞認為，我們通過媒介看到的世界已經沒有"真正的真實"，所看見的是符碼組成的"超真實"世界，這些符碼也是由媒介所操控的。"超真實"以模式和符號取代了真實，現實世界是一個由模式和符號決定的世界。現實與符號的對應關係已經不復存在，存在的只是沒有原型的符號和模型，符號本身就是現實，不再有超越它的另一個真實世界。同時，模式和符號也變成了控制這個世界的方式。幻覺與現實混淆，沒有現實坐標的確證，人類不知何所來、何所去。

　　"不知何所來、何所去"的超真實狀態，在電子競技的語境中顯

1　讓・鮑德里亞（Jean Baudrillard，1929—2007），法國作家、哲學家、社會學家，主要研究領域為消費社會理論和後現代性的命運。

得尤其貼切。電子競技的表現方式就是各種符號，更重要的是，這些符號帶有強烈的個性甚至自成一體的獨立性。

電子競技依靠的遊戲項目基本上是戰爭的演變，那些戰鬥由事先設計好的符號所體現，符號包括聲光電效果，也包括參與者之間的語言文字交流，還包括觀眾和媒體的各種反饋。在這個相對封閉的體系裏，每一個參與者都用體系內獨有的語言（也就是模式和符號）開展交流，每一個參與者被這種封閉的模式和符號所控制，並再造了一種超真實狀態。這些重新自定義的符號，形成了與大眾文化相對隔絕的表達方式。

在電子競技媒介中，虛擬與現實唯一的連接就是人的存在，但這種介入只是輔助性的，人已經成為遊戲的一部分，完全進入了與現實並無強關聯的遊戲之中。換言之，**電子競技屏幕上的主角永遠不是人本身，而是人將思考與行動轉換為"模式與符號"的超真實狀態**。

進一步看，電子競技媒介通過模式和符號所構建的世界，控制著受眾的基本判斷，也影響著電子競技本身主體的存在性狀。這種控制和影響，反過來又決定了電子競技在更大範圍的社會語境中的形象。這裏又關係到另一個傳播學概念：符號真實。

李普曼 [1] 認為，現代社會大眾傳媒極為發達，人們的行為與三種意義上的"真實"發生著密切的聯繫。

一是客觀真實，即實際存在、不得以意志為轉移的事物。

二是符號真實，也叫象徵性真實或擬態環境，是對客觀外界的任

---

1 沃爾特·李普曼（Walter Lippmann，1889—1974），美國新聞評論家和作家。傳播學史上具有重要影響的學者之一，在宣傳分析和輿論研究方面享有很高的聲譽。

何形式的符號式表達,包括藝術、文學及媒介內容。這種真實通常是由傳播媒介經過選擇性加工之後所象徵或表現的。

三是主觀真實,即由個人在客觀真實和符號真實的基礎上認識形成的真實。這種認識很大程度上是以媒介所構建的"符號真實"為中介的,也就是受眾從媒介上理解的"現實"。媒介提供的現實,是真實生活經驗的"膨脹",不等於客觀現實。

因此,經由這樣的中介形成的真實,不可能是對客觀現實"鏡子式"的反映,而是產生了一定的偏移。[1]

三種"真實"關係如下:客觀真實 — 媒體人員解讀 — 符號真實 — 受眾解讀 — 主觀真實。

由此可見,大眾媒介為電子競技發展創造的擬態環境直接關係到社會整體觀念。一份以 2013 年到 2016 年間人民網呈現電子競技選手媒介形象為研究內容的論文稱,電子競技選手被描繪成追夢人、矛盾者、問題少年、競技表演者等形象。在內容上,表現出從"單一畫像"到"多元化"、從"異類"到"正名"的變遷過程。這些形象是政治話語和經濟話語互動後的結果,同時也受到文化語境的影響,呈現被主流文化抵制、收編後的結果。[2]

媒體是大眾認知世界的"人的延伸"。作為個案,人民網的報道在擬態環境的建構中立場飄忽不定、態度曖昧不明,這與寫作者、編發者和把關者等多個主體的個人態度相關,並不能完全說明社會整體態度。**作為社會整體態度的縮影和投射,電子競技的擬態環境和觀念**

---

1 張德勝:《媒體體育與體育媒體》,華中科技大學出版社 2015 年版,第 35 頁。
2 何朝寧:《電子競技選手的媒介形象呈現 —— 以人民網為例》,暨南大學研究生論文,2017 年。

環境總體而言呈現正向趨勢。

回溯到 21 世紀初，社交媒體尚未出現，以紙媒和電視為代表的大眾媒介如日中天。當時，電子競技正以網絡遊戲的面貌進入初級發展階段，大眾媒介對其關注也經歷了一波三折、明暗交錯的多種階段。分析這幾個階段的特點不難發現，政策變化直接影響了大眾媒介為電子競技營造的符號環境。

2004 年之前，中國電子競技初具規模，在世界級賽事中也已有所收穫，尤其是 2003 年在政策環境中找到了自身的合法地位，成為官方認可的一項體育運動，以正面姿態進入大眾媒介的領域，並獲得積極評價。

2004 年 4 月，遊戲視頻因政策原因無法在開路電視頻道上播出後，電子競技急速淡出大眾媒介，進入發展的低潮期，維持相對較弱的內部循環。與此同時，自身的媒介屬性發揮作用，開始形成一個相對較小、獨立於大眾媒介之外，但又集中於電子競技內部的符號環境。在此之後，兩個符號環境並存且相互影響。

電子競技在本身內生系統中造就了影響範圍相對較小（但反饋更強烈）的內部符號環境，量級上遠遠小於大眾媒介所建造的外部符號環境。雖然內部符號環境受制於外部符號環境，但也能產生自身的話語能量。

在這種狀態下，兩級符號環境形成了兩個氣氛背離的輿論場，儘管一個從屬於另一個，但也沒有影響到電子競技本身作為媒介的自我發展，甚至在某些階段逃離了更大範圍的外部符號環境。

從大趨勢上看，電子競技的內部符號環境始終是正向的，不像外部符號環境那樣搖擺不定，這種自始至終的正向內部符號環境，既受惠於其本身的媒介屬性發揮作用，反過來也為電子競技重返聚光燈下積蓄了良性能量。

媒介效果

電子競技是一個看似開放，實則封閉的媒介體系。在這個高度內化的結構中，電子競技從業者以自我推崇的專業主義控制著產品、傳播和受眾，電子競技與生俱來的媒體屬性得到增強，成為一個擁有傳播渠道、具備媒體功能、產生媒介效果的多面體。

由於主體物質性的缺失，客觀環境在電子競技領域僅以賽事、設備、選手等外圍形態存在，內在核心是虛擬的數字化形態。這種基本特性，讓電子競技的原生狀態就具備了傳播渠道和媒體功能。

首先，電子競技的承載平台為互聯網和計算機系統。這是新媒體的基礎平台，信息通過這些基礎設施生成、傳遞、展示並產生影響。這是討論媒介功能和效果的出發點，所有可能產生的媒介效果均來自媒介化的基礎設施，只有當信息在這些基礎設施上完成流轉、抵達受眾，才有可能形成媒介效果。

其次，電子競技的用戶關係是符號鏈接與信息傳送。在網絡化的遊戲平台上，每個電子競技的參與者即媒介網絡上的一個節點。前文講到，符號代表著真實世界。在電子競技中，符號鏈接著真實、超真實與非真實的多維世界，用戶關係全部建立在多維世界的網絡之中，賽事本身和有關賽事的評價反饋等信息流在這個網絡中多向傳遞，既符合互聯網邏輯，也進一步塑造了電子競技特殊的媒介形式。

第三，電子競技的賽事本身是媒介產品。電子競技賽事具備兩種形態，一是虛擬情境中的數字空間賽事，一是圍繞數字空間賽事形成的物理空間賽事。簡單而言，一是屏幕上的對抗，一是屏幕外的觀看。與傳統體育賽事不同的是，傳統體育賽事的對抗與觀看是在同一物理空間內進行，而電子競技的對抗本身不存在物理空間，只有觀看才在物理空間中。所以，對抗本身成為一種媒介產品，通過物理性的網絡、屏幕和場館等介質傳播給受眾。

電子競技因其媒介形式的獨特性而形成了更加獨特的媒介效果。在媒介效果形成的過程中，媒介內容是根本要素，群體和群體規範、意見領袖、受眾傾向等中介變量都是影響因素，受眾態度的強化和調整則是主要結果。

從媒介內容上看，電子競技表現了競爭性社會中的現實複雜性、觀念混雜性和價值多元性。儘管電子競技具有團隊配合的特點，但從根本上說是人藉助機器而實現效果的活動，不能代入任何人性本源的樸素基因，只允許最終結果在數字意義上的最大化：打敗對手，贏得勝利。所以，電子競技需要高度規則化，才能控制這種核心內容，讓內容運行在明確的邊界之中。

從群體和群體規範來看，一項新的體育運動產生時，總會形成對立，比如足球。電子競技秉承著這一傳統，形成明顯的贊同群體和反對群體。不同的群體，具備不同的群體規範。首先，群體是有利於強化意見的，人們傾向於歸屬到與他們原有意見相同的群體中，通過群體討論，意見會被強化，或者至少更加清晰。此外，群體成員關係會通過強化選擇性接觸來加強固有觀點並拒絕改變。與此同時，即使群體接觸沒有發生，單純是群體的存在也會通過人際關係網來強化特定信息，參加群體內部討論會使某些觀點神聖化，並將叛逆者拉回正統。

在電子競技領域，意見領袖在傳播鏈條上發揮著重要作用。在一個特定群體中，資格較深的成員在心理層面和社會層面都會在意見改變過程中起到威懾作用。群體會通過培養人際影響的氣氛或培養意見領袖來強化受眾對傳播內容的認可。大眾傳播的潛在強化作用在某些場合會被意見領袖加強。意見領袖是傳播過程的一個中介變量，他會將受眾此前接收到的信息、觀點重新定義。

從受眾傾向上看，電子競技的目標受眾因其分化明顯，也體現出向兩端集中的傾向。站在電子競技這一邊的人，其受眾傾向是非常明顯的。除此之外的受眾，人群結構相對複雜，他們本不屬於目標受眾，但是會因為電子競技的延伸意義而關注它，比如跟網絡遊戲有關的網癮話題、青少年教育問題，跟電子競技有關的產業、科技、政策，新的冠軍產生、眾人歡騰，這些話題都是圍繞電子競技展開的，但又屬於另一個話語體系，這也是前面提到的外部符號環境。在這個符號環境中，受眾傾向相對複雜，導致媒介效果的多樣性。

一言以蔽之，電子競技的媒介效果最終體現為強化和調整。其中，強化是主要效果，轉變需要其他大量中介變量做支撐，不是電子競技本身單一媒介可以實現的效果。**強化也就是意見穩定，這是電子**

競技作為媒介產生的主要效果。半個多世紀前，大眾傳播研究興盛之時的大量研究證實，大眾傳播會強化現有態度而不是改變它們，會調整已有態度而不是徹底轉變。[1]

隨著外部符號環境建構的逐漸到位，受眾傾向也會產生相對穩定的效果，體現為整體態度的調整。2018 年被稱為"中國電競大年"，從亞運會表演賽的 2 金 1 銀到 S8 的 IG 奪冠，以及電競產業的熱火朝天，在很大程度上實現了外部符號環境的正向發展，更大範圍的轉向正在形成之中。

---

1 〔美〕約瑟夫·克拉珀（Joseph T. Klapper）：《大眾傳播的效果》，段鵬譯，中國傳媒大學出版社 2016 年版，第 12 頁。

第十三章

社會認同的挑戰

　　討論電子競技的現實狀態時，不得不面對一個如影隨形的問題：憑什麼？電子競技憑什麼成為新興產業？打遊戲憑什麼可以登堂入室？這些懸而未決的爭論是電子競技建立社會認同的挑戰所在。

　　電子競技在中國已經有了 20 多年的發展歷程，如果將電子遊戲、網絡遊戲等萌芽狀態也歸入其中，這個過程超過 30 年。作為公共產品的電子競技，同時籠罩著網絡遊戲的負面評價和體育賽事的光環，公眾形象更加撲朔迷離。

主流態度的演化

　　精英階層對平民大眾娛樂消閒憂心忡忡的關注，是所有社會歷史的特徵。足球、賽馬、鬥雞曾經是前現代體育中非常重要的部分，當局對這些運動都採取過嚴厲的立場。[1]

　　縱觀體育史不難發現，任何一項新的平民大眾體育項目，在萌芽、發展、成熟的過程中，都會遭遇主流話語的不同態度。這種態度，來自社會需要、階級對立、文化差異和現實環境。

　　從社會需要來看，精英階層從來都不放棄任何一種有效的運轉工具，尤其在娛樂消閒領域，不管該工具的形態如何，能實現功能就可以列入推廣範圍。但是，精英階層也並不都是高瞻遠矚的預言家，各類層出不窮的玩法，對主流話語體系判斷力的考驗也越來越大。

輿論轉向

　　電子競技公眾形象的建立及其受到主流話語體系評價的過程，有著複雜的交錯關係。電子競技的前身網絡遊戲，因中國社會的階段性特點，對青少年人群的負面影響遠大於積極效果，從此背負了深重的 “原罪”。從社會需要的角度來看，網絡遊戲是娛樂形式、文化消費，同時也是經濟發展的新領域，具備一定的 “潛力”。原罪與潛力的博弈之下，電子競技和主流話語體系進行了你來我往的磨合嘗試，電子競技主動向體育靠攏，體育也在糾結之後終於張開雙臂接納電子競技。在這個過程中，主流話語體系的態度發生了根本性的改變，這還只是開始。

　　2016 年之後，十餘年來眾多電競世界冠軍的正面形象、經濟發

---

1 〔英〕戴維・羅（David Rowe）：《體育、文化和媒介：不羈的三位一體》，呂鵬譯，清華大學出版社 2013 年版，第 17 頁。

展的新動能、綠色產業的新血液等因素綜合在一起，導致主流話語體系的態度轉向更加積極的方向。

　　電子競技成為媒體關注焦點的時間並不久，在更長一段時間內均以"遊戲""網遊"等形象出現。近 10 年來，輿論對網絡遊戲的評價亦趨於中性和理性，為電子競技的發展提供了一個相對寬鬆的環境。何威、曹書樂考察了從 1981 年到 2017 年近 40 年《人民日報》關於電子遊戲的報道，發現其話語發生了重大變遷：態度傾向從 1989 年至 2001 年間 7 年沒有一篇正面報道，到近 5 年來負面報道佔比僅有 13%；主導框架從"危害青少年"轉向"產業經濟"，兼有"文娛新方式"；遊戲玩家形象由勞動者主體變為"施害者 / 受害者 / 被拯救者"的沉默客體、再到消失不見的消費者或模糊不清的新人類；遊戲則從"電子海洛因"變身"中國創造"。[1]

　　洪建平同樣對 1978 年到 2018 年《人民日報》的電子遊戲類報道進行了研究，在這 40 年間 515 篇報道中，娛樂、教育和產業是 3 個核心關鍵詞，對這 3 個核心關鍵詞的闡釋也體現了主流媒體對電子遊戲的態度，借用黑格爾辯證法的理解，1989 年之前的"娛樂先鋒，寓教於樂"、1989 年到 2008 年的"敗壞青年，危害社會"、2009 年到 2018 年的"產業亮點，適度娛樂"恰好構成了電子遊戲"正反合"的三重"鏡像"。[2]

　　再以 2018 年亞運會電子競技表演賽為例。

1　施暢：《恐慌的消逝：從"電子海洛因"到電子競技》，《文化研究（2018 年春季卷）》第 32 期，第 145—165 頁。

2　洪建平：《娛樂‧教育‧產業：電子競技的主流媒介鏡像 ── 以〈人民日報〉（1978—2018）為中心》，《成都體育學院院報》2018 年第 4 期，第 15 頁。

中國電子競技中心城市、正打造全球電競之都的上海，這裏聚集著全國 41.3% 的電競賽事 **1**，以及俱樂部、直播平台等相關產業力量。關於亞運會電競項目，這座城市主流媒體的態度發出了一些對於電競從業者而言"更加正面"的信號。

　　亞運電競中國團隊奪得兩枚金牌的日期分別是 8 月 26 日（《王者榮耀》國際版）、8 月 29 日（《英雄聯盟》）。

　　作為上海的主流報紙，《解放日報》的主要報道刊發於 8 月 27 日。這篇綜述的標題很長：《列入雅加達亞運會表演項目　第一次登上洲際綜合性體育大賽舞台　中國隊拿金牌 —— 電競首秀，爭議聲中的雙贏創舉？》。從標題的複雜程度就可以看出，一家嚴肅大報需要花很多力氣向讀者解釋電子競技的身份和地位。特派記者姚勤毅採訪了電競表演賽中國團隊隊長、《英雄聯盟》選手簡自豪，《王者榮耀》教練李托和選手王添龍，上海視覺藝術學院文化創意產業學院副院長樓世芳，傳統體育項目運動員、上海跨欄選手謝文駿。

　　前兩位專業選手在文中主要表達了為國出征的自豪感，並解釋了電子競技選手的日常狀態；後兩位非電競人士則從各自角度講出了疑慮，"對於電競，當前面臨最大的懷疑，就是大眾認知的問題"（樓世芳），"電競這個名字和體育聯繫起來，總感覺還不太習慣，但從項目的意義來說，它無疑已是體育範疇了"（謝文駿）。這兩種態度，無疑代表著更廣泛的"圈外聲音"。

　　這篇報道的最後結論是：

1　根據伽馬數據（CNG）公開資料。

自電子競技誕生近 20 年來，爭論從未停息。如今電競成功進入亞運會，當電競選手站在領獎台上那一刻，起碼可以證明：電競從業人員也能為國爭光。即便如此，反對聲也不會停息。關於電子競技是否是電子鴉片，一直有一種警醒的聲音 —— 在缺乏歷史檢驗和傳統積澱的環境中，電子競技職業只能是個小眾職業，即便電競進入亞運會甚至奧運會，也不是廣大青少年沉迷網絡遊戲的冠冕堂皇理由。畢竟，中國的年輕人，還有很多比電子競技更重要的事情要做。

文章並不否定 "為國爭光" 的作用，但是更多地對中國年輕人表達了警示，認為 "還有很多比電子競技更重要的事情要做"。

在 8 月 30 日各大媒體集中報道電競奪冠新聞的當天，《解放日報》調低了報道熱度。在當天第六版，這篇題為《冷門項目和協辦城市不該被遺忘，亞運會點亮 "小角色"》的一欄題 **1** 文章，是發自雅加達的專電，僅僅一句話提及電子競技：

電子競技首次成為本屆亞運會表演項目，亞洲電競高手們聯手向全世界展示了這項全新項目的魅力。

其他內容則是關於類似 "老鷹捉小雞" 的項目 "卡巴迪"、在東南亞較流行的 "藤球"，甚至巨港一種美食 "魚餅" 也佔據了一個小

1　報紙編排術語，用以表示文章在版面中佔據的大小，一欄題一般為地位最低的消息稿件。

標題內容。全文共兩個小標題，共計 1,100 字。

　　8 月 30 日，上海另一家主流大報《文匯報》在亞運會專版中，以頭條配評論的重點處理方式刊發了兩篇關於電子競技的報道。這家以知識分子為主要目標讀者的報紙誕生於 1938 年，在中國新聞史和文化史上都具有重要地位。報紙秉承一貫的人文氣質，對電子競技的"入亞"與"入奧"展開了分析與論述，而不是簡單報道賽事。在題為《電競"入亞"容易"入奧"無門》的主打文章中，特派記者謝笑添寫道：

　　　　從環抱式的場地佈置，到熒幕上精準而又敏銳的視頻回放，這個完全由市場驅動的時興項目，為屢遭詬病"脫離時代"的亞運會展示著高效運營體系的同時，也始終在挖掘著自身與競技體育相似的內涵。

　　　　僅從項目設立角度而言，亞運會較之奧運會有著寬廣得多的包容度，以及更低的底線。

　　　　高強度的重複訓練、全職投入的專業選手、公平的競賽環境，電競與傳統體育項目間的這些共性，圍棋、象棋、國際象棋同樣具備。僅有的區別在於，已具備完善商業模式的電子競技能聚集社會的關注與投入。而在經歷長期的觀念扭轉後，後者的競技體育項目身份已被社會接受。

　　　　更殘酷的事實是遊戲廠商主導著電競業的絕對話語權。沒有這些廠商，便沒有整個行業。這一絕無可能發生根本改變的現狀，也成了阻擋電競入奧的最大障礙。電競項目的設置、規則、賽制乃至選手間的實力天平，都直接由遊戲廠商決定。而行業協會以及運動會的主辦方，所能扮演的角色頗為尷尬。

此類抱有中間立場的相對理性的分析，貫穿這篇報道。在同時配發的短評中，提出了一個非電競（遊戲）粉絲都會關心的問題：

> 重要的是，UZI 究竟是誰？是電競玩家，是運動員，還是如他們時常自嘲的那樣，只是"打遊戲的"？全世界都在尋找答案。
>
> 在全世界電競玩家的嘴裏，都很難聽到他們以"運動員"自稱，但幾乎所有人都會強調，自己所從事的行業與競技體育有多少共性。對於電競人而言，這份關於身份認同的焦慮感會始終持續，退役後也不例外。

作為一張"全國性人文大報"，《文匯報》在電子競技的問題上，首先體現了關注、開展了評述，這是直面社會熱點的基本態度；其次，所持觀點相對冷靜，用不長的篇幅點出了幾個根本性的現實問題。基於電子競技與遊戲、文化產業的糾葛，這種報道手法也是《文匯報》長期關注文化現象的傳統。

8 月 30 日，上海主流報紙中更偏向市民階層的《新民晚報》上，關於電子競技的報道則是一番熱鬧景象。不僅當天頭版刊載導讀標題《亞運電競上海出品》，更是在亞運會特刊《雅加達之光》中以兩個整版外加一篇人物特寫，較大篇幅地報道了亞運會電子競技相關內容。

在特刊的第一版，是一篇特寫《亞運電競上海出品》和一篇短評《玩物，亦可立志》；第二版的下半部分是一篇人物特寫《他們組成中國電競"英雄聯盟"，一群靦覥的大男孩》；在第三版，刊發了半個版述評文章《在路上，上海向世界電競之都邁進》，另外半個版則是正好同時發佈的"上海體育產業30條"政策解讀，其中也有關於電子競技發展的內容。

在主打文章《亞運電競上海出品》中，特派記者關尹寫道：

置身雅加達亞運會電競賽場，到處聽到"上海閒話"，一打聽，原來具體操辦比賽的，是兩家坐標上海的體育公司。電子競技是首次作為表演項目進入亞運會，亞奧理事會並沒有直接管理。這一次，從場地設計到賽事運營甚至現場安保，都是"上海出品"。

姚明又來了。本次亞運會，身為中國籃協主席的姚明只在兩個公開場合出現過，一個是他的老本行籃球賽場，另一個就是電子競技館。前天和昨天，姚明兩度光臨，引起現場一片驚聲尖叫。而他能來為電競這個亞運會的新生事物搖旗吶喊，自然是因為背後的上海元素。

電競約會亞運會，它們想"飛得更高"。去年9月，霍啟剛當選亞洲電子體育協會主席後，曾表示要致力於將電子競技推上奧運會舞台。霍啟剛昨天在接受新華社記者採訪時說："4年後，電競能否成為亞運會的正式項目是第一步。電競發展很快，4年已是很長的時間。一切皆有可能！"

電競要擴大在全球的版圖，也需要不斷改變，比如向 NBA 和英超學習，以形成一套成熟的電競體系，打造頂級的賽事聯盟。將來電競行業持續發展後，也會有歷史沿襲、有文化沉澱，未來某些電競俱樂部，會像皇馬或者巴薩一樣，有固定的粉絲，有它的獨特文化。

相較於《解放日報》和《文匯報》，《新民晚報》對待電子競技的態度更加樂觀、熱情。文中提及姚明、NBA 和英超，也是在展現更多主流意見的支持態度。聯繫到第十章所述的 NBA 幕後老闆和歐洲豪門對電子競技的介入，就能更加理解姚明在亞運電子競技賽場的現身。

在短評《玩物，亦可立志》中，則以上海城市立場表達了對電子競技的贊同甚至擁抱：

電競，且讓後顧之憂走開。可與廠商溝通，建立防沉迷系統，比如，14 歲、16 歲以下的玩家，每天上線不能超過多少小時等，這些措施是完全可以實現的。健康的、可持續的電子競技，才可能將道路越走越寬闊。

在電競登堂入室的首次洲際賽事中，中國職業選手以王者之勢登頂亞洲之巔，他們的背後，正是上海邁向世界電競之都的巨大潛力和堅實步伐。有“智”者，事“競”成。去糟粕，存精華，上海製造的電子競技已閃耀亞洲賽場，揚名世界舞台。

玩物，亦可立志。上海智慧，上海拚搏 —— 未來的世界
電競之都，將展現上海年輕人的風采。

在《新民晚報》的報道中，始終透露著上海市對於電子競技的官
方態度：“全球電競之都”。可見，上海對於電子競技的認同感，不僅
體現在主流媒體中，更成為一個城市文創產業的政策組成部分。

如何看報告

據公開的報告，可以看到電子競技在社會認同方面的特點和趨
勢。但是，有一個現實（或者說疑問）是無法迴避的：關於電子競技
的有效數據和報告，大都來自有著強烈商業背景的廠商自營研究機構。

以騰訊旗下的企鵝智酷為例，這家研究機構可以調用騰訊強大
的網絡資源、用戶群體，手握最具研究價值的數據和用戶。在微信、
QQ 兩大軟件的統治下，騰訊佔有著中國主要人口的社交數據。2018
年 7 月，移動互聯網大數據公司 Quest Mobile 發佈的報告顯示，微信
月活躍用戶規模已達 9.3 億，微信官方曾公佈其 60% 的用戶為 15 歲到
29 歲的青少年人群。理論上講，企鵝智酷可調取的數據超過任何一家
研究機構，從這個角度而言，其結論具備較強的代表性。

但是，考慮到其騰訊背景，這些統計報告更多建立在母公司的業
務版圖之上，其他競爭對手的數據很少體現。這也是遊戲廠商主導電
子競技產業的現實情況，數據的保密性、市場的競爭性讓純粹的第三
方研究很難建立。

同樣，現實情況忠實地反映了互聯網商業巨頭對社會眾多領域的掌控，基礎數據已經越來越多地集中在他們手中。因此，帶著一定的批判眼光去分析這些來自商業機構的研究報告，能夠縱覽社會公眾對電子競技的整體評價。

企鵝智酷發佈的《2017 中國電競發展報告》中給出了"新電競時代"的定義，在回顧電競發展歷程、分析調查數據之後，總結出"全民化、體育化、移動化"三個關鍵詞。該報告將中國電子競技發展劃分為三個階段：1998 年到 2008 年的單機電競時代、2008 年到 2016 年的網遊電競時代、2016 年開始的移動電競時代。其中，第二階段因為互聯網的加速普及，"網遊大行其道、電競產業開始深化並進行結構調整，成熟的電競賽事體系開始形成。"第三階段的概述為"智能手機全面滲透，爆款移動電競賽事取得巨大成功，移動電競元年到來"。

目前，騰訊公司旗下的《英雄聯盟》和《王者榮耀》佔據著電子競技領域的核心地位。因此，報告一旦脫離客觀的數據而討論現象和概念，其傾向性或者說關聯性是無法迴避的。

在本書集中寫作的 2018 年，手機遊戲已成為電子競技的新戰場，在中國的大面積覆蓋率和逐漸攀升的國際增長率，為報告中的"移動化"表述提供了充足底氣。但是，手機遊戲的競技性與大型 PC 遊戲存在一定區別，職業化電子競技的核心領域仍然在 PC 端。除此之外，電子競技產業發展尚有巨大未知空間，"全民化"這個結論顯得為時過早。電子競技在這裏被"泛化"，不得不考慮背後的商業背景。

除了騰訊方面的趨勢分析之外，業界也會經常討論一些相對客觀的數據，這些數據代表著中國電子競技的社會認同趨勢。在這些看似客觀的數據之中，也存在不少值得商榷之處。

根據 Newzoo、艾瑞諮詢的統計綜合分析，中國電子競技用戶規模從 2014 年的 8,000 萬左右，經歷了 2015 年的 1.2 億人、2016 年的 1.7 億人、2017 年的 2.2 億人，在 2018 年有望達到 2.8 億人。這一發展速度顯示了一種新的大眾流行文化佔領人群的氣勢。

這裏面產生了概念的混淆。從字面上看，2.8 億人群是 "電子競技用戶規模"，對於電子競技而言，"用戶" 的概念很難界定。儘管可以簡單地將其理解為打遊戲的人群，但是人群中有多少會參與到真正意義上的電子競技賽事體系中去，比如訓練（以及服務於訓練）、參賽（以及服務於賽事）、觀賽，等等。如果按照體育運動標準來界定的話，應該將人群分為賽事核心人群（如運動員、教練員、組織者等）和賽事覆蓋人群（如粉絲、觀眾等）。

因此，2.8 億的數字只能粗略地代表名稱由網絡遊戲改為電子競技之後的這項娛樂活動在中國的相關人群基數。從這個意義上而言，此統計數據除了用作趨勢參考之外，更多的作用是列入電子競技相關的商業發展計劃書和市場宣言之中，以鼓舞人心。

不能忽視的是，互聯網商業機構搜集的樣本，目標人群以其用戶為主，本身就具備一定的傾向性。退一步講，"其他人" 的態度是否重要？另一部分反對態度是否能夠代表 "兩極分化"？這還需要從另外一個角度來討論，即 "成癮問題"。考慮到更大範圍的社會大眾對電子競技認識模糊，遊戲成癮也就成了電子競技社會認同的本質問題。

成癮頑疾與群體榮譽

　　儘管社會整體態度呈現更積極的轉向，但是各種反對聲仍然此起彼伏。尤其對於網遊成癮，社會公眾態度呈現一邊倒的局面，甚至在一定程度上動搖了電子競技的生存根基。因為，在認識層面和技術層面，電競和網遊並未實現為更大群體所接受的分離。

　　幾乎所有的電子競技從業者都會對"網遊成癮"的提法嗤之以鼻，認為那不屬於電子競技的領域。然而選擇性忽略並沒有牢不可破的現實基礎。主流的電子競技項目，任何一款都具備"成癮"的可能性。即便電子競技制定了明確的時間規則，但是當這些遊戲項目置身於民間"無政府狀態"之下，沉迷其中就成了所有玩家必將面臨的問題。在非職業選手的普通人生活中，所謂的電子競技和網絡遊戲，也只是說法不同而已。

　　不僅是遊戲，各種非生產性的娛樂消閒活動都存在"上癮"的可能性。心理學界對上癮有著明確的定義。網絡遊戲成癮有不同的表述，如病理性網絡遊戲行為、問題性網絡遊戲行為和網絡遊戲障礙，其概念內涵基本一致，是個體無法控制自己的網絡遊戲行為，並因為網絡遊戲而產生各種負面影響，而且在不玩網絡遊戲時有明顯的戒斷症狀。[1] 由此可見，網絡遊戲是一種互聯網特定功能成癮，它與煙草、毒品等物質依賴不同，具備強烈的網絡社會特點。

1　雷靂、張國華、魏華：《青少年與網絡遊戲》，北京師範大學出版社 2018 年版，第 144 頁。

網絡社會極大改造了人的生存方式，無處不在的變化多端的媒介系統構築起一個強大的虛擬現實文化，網絡遊戲也好、電子競技也好，都是這個虛擬現實文化的組成部分。在這個全新的文化體系中，空間和時間的概念被解構，按照曼紐爾·卡斯特爾斯的觀點，"產生了流動的空間（space of flows）和無時間的時間（timeless time），造成生活、時間和空間的物質基礎的轉變"[1]。轉變，即存在衝突。網遊成癮就是這種衝突在青少年群體心理層面的映射，進而體現在身體層面。這裏節選《青少年與網絡遊戲》一書中的相關表述：

從心理層面來看，大量研究證明網絡遊戲具有與物質依賴和行為成癮相似的症狀：不僅存在認知功能的損害，還可能導致明顯的社會功能損害，部分成癮者還表現出抑鬱、強迫、焦慮、敵對等精神疾病的症狀，也可能降低青少年參與者的主觀幸福感。

從身體層面來看，網絡遊戲對身體健康的影響主要有：首先，長期面對計算機顯示器接受 X 線的輻射會使皮膚粗糙，而且對血液中的白細胞也有一定的殺傷力，頭部長時間保持一種姿勢不變化會使頸椎肌肉疲勞；其次，沉迷網絡遊戲必長期靜坐而不運動，這會使身體素質變差，免疫力下降；最後，不合理的作息時間和過量用腦容易造成腦細胞損害、血壓升高和神經衰弱。

----

1 〔美〕曼紐爾·卡斯特爾斯（Manuel Castells）：《認同的力量》（第 2 版），曹榮湘譯，社會科學文獻出版社 2006 年版，第 1 頁。

但也有研究表明，網絡遊戲玩家的身體狀況沒有想象中那麼糟糕，一項以美國 7,000 名網絡遊戲玩家為對象的大樣本調查發現，網絡遊戲玩家的平均身體質量指數（BMI）為 25.19，略微超重，但低於美國成年人的平均身體質量指數（28），22.2% 的玩家為肥胖，也低於美國成年人的平均值（30.5%）。

　　這些研究成果成為批評者的武器，但又為支持者所嘲笑。電子競技支持者的普遍觀點是，無論心理疾病還是身體問題都有眾多誘發因素，不能完全歸結於遊戲。個人生活的難題、社會層面的症結，不能都讓電子競技（哪怕就說是網絡遊戲）來 "背鍋"。況且，長時間面對顯示器、久坐不動、不合理作息、用腦過度，並不是遊戲獨有的狀態，任何一個加班的白領、工程師或者用功過度的大學生，都可能是這種狀態。

　　不得不承認，支持者們的觀點無懈可擊。但是，批評者的激烈態度也從未消減。在中國社會的傳統價值觀中，"玩物喪志" 的結論深入人心，"唯有讀書高" 的說法也代代相傳。在可預見的範圍內，雙方各持己見的對峙還將持續，也會隨著社會進步而趨於緩和。

　　任何一款遊戲都存在產生精神控制的可能性，這也是成癮頑疾的根源所在。讓人如此沉浸、無法自拔的遊戲，反過來看，也是群體榮譽感的有效載體。

　　現代體育的發展過程中，群體榮譽感一直奔騰在賽場之上。電子競技完美地利用了這種情緒，製造了一個獨特的閥門，在虛擬和虛構的世界中築造了一塊情感高地。

再精彩的體育運動也是某塊場地上的身體衝撞，這種身體的表面衝突一旦取得規則意義上的勝利，可以形成自豪感、興奮感和歸屬感，但不及一場"你死我活的廝殺"來得強烈。這種"你死我活"，既可以看成是虛擬世界的非真實概念，也可以幻化成現實世界的各種競爭。

　　電子競技能夠完滿地承載起群體榮譽感，這種飄忽不定、流轉於真實和虛擬世界、流淌在血液中的多義性情感。"五星紅旗飄揚在世界舞台"等只有在獲得奧運金牌突破時才會被媒體廣泛使用的話語，帶著強烈的自豪感出現在電競賽事獲獎報道中。回顧中國電子競技選手登上冠軍台的影像可以發現，他們是最喜歡將國旗披在身上、拿在手中、舉過頭頂的領獎者，幾乎一次不落。

　　儘管這種自豪感會因為不同人群對電子競技的不同態度而有所起伏，但不難發現這是電子競技嘗試進入中國主流話語圈的鑰匙。競技體育是近代以來非戰爭狀態下宣洩群體情感的最佳通道，無論是中國男足衝進世界盃決賽圈，還是 IG 在 S8 總決賽的捧盃，在萬眾矚目下代表中國出征的將士，一次歷史突破必能點燃支持者心頭的熊熊烈火。

電競教育的出發點

2017 年，一個新的名詞在國內突然走紅：電競教育。走紅的背後有幾層現實因素。

最基礎的第一層，2016 年 9 月，教育部公佈了高職教育的 13 個增補專業，"電子競技運動與管理" 赫然在列，屬於教育與體育大類下的體育類。

第二層，電子競技正在甩脫網絡遊戲的污名，教育是最好的加速器。

第三層，多方力量懷抱各種態度，衝入這片 "藍海"。

電競教育成了整個行業所希冀的交通工具，希望它能夠搭載人們去探索這一片嶄新的天地。但是，教育並不是一個類似註冊公司、設計產品、流水線生產的商業過程，尤其是在整個電子競技行業初成氣候的時間點，很多問題混雜在一起，電競教育就此進入了熱鬧非凡的討論和試探之中。

2016 年的教育部通知發佈之後，電競教育很快在兩個陣營之中生根發芽。

一是傳統的高等教育和職業教育領域。部分本科高校和高職院校開設了與之相關的專業：中國傳媒大學設立了面向遊戲和電競產業的 "數字媒體藝術" 專業，其南廣學院開設了 "電子競技運動與管理" 專業；上海體育學院在播音與主持專業基礎上開設了 "電競解說方向"；北京、上海、江蘇、內蒙古、湖南、四川、安徽等一批高職院校開設了"電子競技運動與管理"專業。截至 2018 年 8 月,全國範圍內開設該專業的高職院校已有 47 家。

另一個陣營則是反應迅速的民營教育機構。圍繞著電競教育這個新的政策風口,在北京、上海、廣東等地,一批以此為主要業務的公司和機構浮出水面。這些地方聚集了大量人口,也承載著電競產業的主要功能,是中國民營教育的傳統高地,所以從業者能夠敏銳地感受風向,並付諸行動。

無論是體制內的院校,還是體制外的商業機構,在電競教育方面達成了少有的密切合作,主動形成了你中有我我中有你的模式。據公開報道,中國傳媒大學與英雄互娛,武漢大學、深圳大學與超競教育,四川傳媒學院與完美世界教育,都進行了深淺不一的合作或接觸。與以往合作不同之處在於,高等院校這次更希望得到商業機構的"支持與幫助"。

以慣例來看,這種角色設置是顛倒的。顛倒何以成為現實?還是要歸結於電子競技的獨特之處。這個前所未有的"專業",讓參與者既摩拳擦掌,又無從下手。

這是政策先導而產生的局面。從公開的市場數據看,電子競技產業發展呈現巨大的人才缺口。2017 年到 2018 年間,關於中國電競產業的人才缺口,各方面主要引用的數據為 26 萬人[1]。這個數據成為每一個電競教育參與者頭頂上的指揮棒。同一份報告顯示,中國電競產業規模在 2018 年將超過 880 億元人民幣。

1　伽馬數據（CNG）公開資料。

現實情況是，電子競技產業起步不久、根基不深，尚不具備實力從更強大更成熟的其他行業中吸引或爭奪人才。涉足一片新領地不僅需要勇氣，還需要眼力、能力和耐力，傳統產業中的人才並沒有大面積快速轉移到這個新的風口。

這些問題顯而易見，也懸而難決。突如其來的教育政策，還是成了一針全行業的興奮劑。當人們湧入"電競教育"之後發現共同面臨一個更實際的困難，教什麼？如何教？也就是說，舞台已經加班加點搭了起來，但是大幕拉開後發現，連劇本和演員都沒有。

從 2017 年起，國內有多家商業機構先後宣佈將出版電子競技專業教材。2018 年，這些教材陸續出版，在電子競技行業內產生了一系列反響，但是負面效應遠大於正面效應，其中有一起代表性的烏龍事件，主角是一本名為《電子競技賽事基礎》的教材，在有關《刀塔》的介紹中列入了 "SKT T1 奪得 S5 世界賽冠軍"，並且將韓國著名選手 Faker 與 Bang 寫作《刀塔》選手。實際情況是，Faker 為《英雄聯盟》項目的選手，SKT T1 多次拿下《英雄聯盟》世界冠軍。而《刀塔》和《英雄聯盟》在世界電子競技領域，是兩款存在競爭關係的主流遊戲項目。

這只是電競教育早期亂象的冰山一角。在 2018 年，中國電子競技圈內形成一種共識，以電競解說為代表的業內人士多次通過微博發聲，質疑電競教育的專業性和必要性。所以，我們的討論也要回到這個根本問題，也就是：電競教育的出發點何在？

從專業性的角度而言，與其說電子競技需要培養專業人才，還不如說，電子競技行業尚未搞明白自身人才需求和現行教育模式之間的關係。更深層次的問題在於，電子競技行業人才缺乏，與社會認同度、行業未來走勢等疑慮有關。儘管行業形象正在發生根本性轉折，但一種轉折一旦是"根本性"的，其過程必定緩慢而複雜。

電競教育的專業性，必須建立在行業的成熟度之上。所以要提前打好基礎，儘早接通行業需求與教育資源，教育是推動行業成長的原動力，行業則是教育的落腳點。

在前面我們探討過，電子競技是年輕人群的主流娛樂方式，但是遊戲火爆週期性明顯、粉絲活躍度日益分散，整個行業的發展尚處於起步階段，電子競技與人類精神世界、物質生活的關係也需要更加深入地討論。這些都是電子競技行業成熟度不高的體現，也是其引人注目的魔力所在。

電競教育的必要性，則是建立在這種魔力基礎之上。現有的電競教育存在很多難題，需要在更豐富的層面同時推行多樣化的電競教育。

首先，電競教育要面對公眾。要讓電子競技的相關議題更多地形成輿論，尋求共識，優化治理。與其說是教育，不如說是討論。在這個過程中，電子競技從業者要換位思考，從更廣泛的公眾利益來回望、反思自身的行業問題；非從業者則應更加重視電子競技對社會生活的影響，這種影響可能加強並持續，自己如何與電子競技共處，是必須重視的問題。

其次，電競教育要面向從業者。這種教育的主要內容是關於電子競技在人類文明進程中的地位、作用和擔當，協助從業者既脫離悲觀、失落、暴戾的負面情緒，也要避免狂熱、盲目、自我的激進態度。不服，是遊戲玩家群體的標誌性情緒，不可避免地投射到整個行業的面孔上。一種文化現象一旦介入人類歷史進程，是要經受時間考驗的。**我們暫時無法強求理性主義、人文主義在電子競技領域發揚光大，但至少要秉持綠色、友好、可持續、無公害的發展理念。**

最後，電競教育要面向青少年。這裏才涉及目前熱火朝天的電子競技專業教育，另一方面也要討論其非專業教育（或說是通識教育）。

先說通識教育。青少年參與電子競技也好、打遊戲也罷，這是他們在人生某一階段無法迴避的文化活動選項，一部分人可能永遠不會進入這片領地，但是越來越多的人會涉足其中。如何看待電子競技，是所有人要面臨的問題。更多的家長關心“電子競技會不會成為打遊戲的借口”，關於青少年遊戲成癮的問題放在社會層面來講，人人可以分庭抗禮、據理力爭。但是，成癮問題一旦發生在個人身上、家庭之內，承受度瞬間清零。

和沉迷任何“非生產性活動”一樣，無法進入職業領域的遊戲用戶，其成癮可能性是電子競技始終無法迴避的問題。因此，引導青少年建立起健康的遊戲和電競觀點，並輔以更多的優質文化手段，讓電子競技成為青少年的生活調料，而不是人生毒藥。

再說專業教育。前文已談到，電子競技的專業教育還有很長的路要走，體系的建立、特色的凸顯、專業的體現，更積極的現實條件正在營造之中。一方面，電子競技行業本身不斷優化發展，借鑒職業體育的成熟模式，拋棄靈魂中阻擋自身進化的原生障礙，新的形象建立起來，這是電競專業教育的基本面；另一方面，業界學界也開始共同投入力量，深入、公正、科學地研究現實問題，建立理論基礎，將電子競技的魔力轉化為學術研究、高等教育的生產力，再返回去支撐電子競技的整體發展。

在多年來各類高校開設遊戲相關專業的基礎上，2017 年中國傳媒大學開設電競方向的數字媒體藝術專業，2018 年上半年北京大學開設遊戲通識課，上海體育學院開設電競解說專業方向。國內高校從各自實際出發的做法，也對應了電子競技發展的現狀，有助於電競專業教育逐步進入高等教育體系，與已有課程內容銜接。雖然還有很多需要改進之處，但與行業深度聯動，建立合作機制、形成輸送管道，也是培養電競人才的現實之選。

對於更廣泛層面的國內高等教育來說，可以將電子競技有關的討論，從社會學、心理學、管理學、經濟學、新聞傳播學和體育學等多重維度去展開，和青年學生一起思考、互動，這是大學面對社會新現象應有的理性態度。那些優秀學生如果熱愛電子競技、願意投身其中，自然會付諸行動，這樣也能創造出集聚效應。層次豐富的人才和知識結構，反而更有利於電子競技產業的發展。

還有一點需要探討的是，電子競技正在較大範圍落實到中職、高職教育之中，儘管存在爭議，但也不乏空間。比如，可以嘗試一方面輔助建立更有品質的青訓體系，另一方面為職業選手提供科學訓練計劃、素質提升方案、商業價值開發等教育培訓選項，實現電競教育的真正價值。

試想一下，一個電競專業（或者學院）應該要學習的課程（或者要設立的專業）：從競技類遊戲策劃到開發，從賽事設計到運營，從播音主持到解說，從新聞傳播到公關，從視頻製作到轉播，從場館管理到維護，從資本運作到產業研究⋯⋯

　　這麼看下來，也確實需要一個龐大的架構，類似電影學院。但是，目前的電子競技有沒有接近電影的文化積澱、產業生態和社會認同？也許可以先以此作為參考、當成目標。

　　電競教育的出發點，一言以蔽之：**放下功利心態、直面現實問題，將教育特有的情懷、義理和力量滲入電子競技產業內核**。這是當今中國電競獨有的教育問題，也是中國教育獨有的電競問題。

從哪裏來，往何處去

從遊戲到體育，

新物種一路走來，聲勢漸大。

接下來，往何處去？

所有變化都無法迴避。

智能時代的猜想

　　過去 100 多年間，以奧林匹克運動為基礎平台的現代體育，始終在調適自身姿態，試圖用更開放的心態、更真誠的懷抱對待新項目和年輕一代。

　　但是，電子競技的闖入卻沒那麼友好，讓大部分人犯難。這一次與以往都不相同，20 多年來，電子競技與現代體育構建起錯綜複雜的關係，可以視為融入，也可以視為對抗。歷史和現實兩相對照，電子競技能否與體育"和解"？是否可以互相交融？或者說，電子競技會不會將體育帶往新的方向？

　　電子競技給體育文化帶去的衝擊初見端倪，人的網絡化、數字化、機器化趨勢也方興未艾。也許，體育的新一輪變革會來自電子競技的文化內核：機器的人化和人的機器化。當人類越來越適應數字化生存（其中當然包括數字化競爭和對抗），一切人的活動都在向數字網絡平台遷移，體育也概莫能外，而且才剛剛開始。

　　自娛自樂式的預測並沒有太大意義，暢銷書作家、未來學家已經抒發了大量的見解，表達對人工智能、生物基因工程、物聯網、大數據等人類前景的預測。這種預測，僅僅是猜測而已，預測的時空範圍越大，失效的可能性也越大。

　　因此，我們面對電子競技這一"後現代體育"，在現實基礎上對未來路徑做出一些更具體的方向性探討，就是本書所做的努力。既是預測，也是批判，更希望是建設。

電子競技是叢林法則從互聯網原住民群體折射到虛擬對抗中的成果。在這之中，對抗衝動、興奮感、挫敗感、成就感和存在感都能實現，所有元素都可以網絡化、數據化、視覺化。

有一些看似瘋狂的猜想，基礎建立在各種新技術帶來的顛覆體育運動核心模式的可能：在未來，你可以製造一個虛擬角色，由它帶著你盡情釋放荷爾蒙，投身任何一項體育運動，發起任何一次世界級大賽（自己認為的）。更重要的是，你可以以在更高版本的"電子競技"世界裏輕鬆實現人類傳統體育曾經津津樂道、引以為傲的精神享受。

以上假象更符合技術主義者的胃口。那麼，相對保守的人文主義者如何想呢？

如果從人文主義出發，你應該擺脫數據、網絡、機器的束縛，以"人"的本真狀態實現回歸，在森林峭壁間攀爬，在江河湖海中暢游，在平地上奔跑，拿器械對戰，體育運動退回到原始狀態。

不難發現，這種古典論調相當於建立一個體育烏托邦，所描繪的圖景正在與人們漸行漸遠。

如果走中間路線的話，可以想象：未來的足球賽仍然像今天這樣存在，但是人們多了一些選擇，你能選擇球員的視角，也能選擇主教練或者裁判的視角，甚至能選擇"球"的視角，或者你在睡眠中通過夢境來觀看時差 8 小時之外的球賽。球賽如此，在王者峽谷、瓦洛蘭大陸上，能否都如此？基於人工智能的發展預期，這條中間路線已經是很保守的預測，但也不失為電子競技的一種發展方向。任何人、任何人類文明的產物，都擺脫不了被經濟與科技等外力卷入滾滾時代潮流。

以上的長遠猜想，更多是從智能時代的背景與趨勢出發。再現實一些，回到當下的電子競技——

基本模式成形，遊戲層出不窮，巨頭俯視群雄，產業道路初開。電子競技是人工智能、大數據等先進科技與文化產業最有效的結合點之一。如何使用智能工具提升訓練效率、比賽效果和觀看體驗？如何通過大數據如實分析產業、建立良性機制？還有一個更重要的問題是，**如何避免窄化電子競技，不要將其局限在幾款遊戲之中**？這些問號都擺在人們眼前。

我們面臨的已經不是單一的體育問題，也不是遊戲問題，而是**人的身心活動往何處去**的根本問題。答案埋藏得很深，從表象上只能看到一幅現實圖景：競技方式在技術浪潮中被改寫，體育有了新的可能。

"機器化"的通道

在電子競技中，人與機器幾乎融為一體，有必要單獨討論人的"機器化"。互聯網語境中的機器化也就是數據化。在電子競技的世界裏，所有的"動"都是數據化的。這種"動"不僅包括虛擬（或虛構）世界裏的每個動作，也包括人點擊鼠標、敲擊鍵盤的"動"。

在虛擬（或虛構）環境中，人物角色的每一個動作，是從程序到屏幕的傳達，是一串編碼轉化為視覺形象的過程。這個動作與現實生活中的動作相去甚遠，可以說完全不在同一種存在方式中。在體育的經典含義裏，從來都是指向“人的身體的運動”。只有在電子競技介入之後，體育中的“動”指向了數據的“動”，在人的肌肉動作之外多了一個全新的非人的選項。無論是奔跑、跳躍、躲閃、衝刺等符合傳統體育價值觀的動作，還是砍殺、飛天、撕裂、幻化等完全超脫現實的動作，其實都是 0 和 1 編碼在 LED 顯示屏上按照程序規則羅列而成的千百萬個光點。

在現實中，人通過手指控制鼠標和鍵盤，將意圖傳向程序，轉換成編碼，進而形成動作。這個過程仍然擺脫不了“機器化”的界定：人的肢體動作在現實環境中沒有造成明顯的影響。這一點，完全不像足球運動員實現了球的位移，射擊運動員扣動了扳機，即便是國際象棋選手也變化了棋子的物理空間。鼠標和鍵盤不構成任何體育式的現實反饋，也無法形成觀賞，這些設備僅僅只是電子競技整個運行邏輯的觸發器而已。從這個意義上來看，人的軀體成為了機器的一部分，是電子競技物理設備的外延；人的意識成為了虛擬（或虛構）競爭、對抗的一部分，是電子競技內部邏輯的組成。所以，人的“機器化”潛入了體育的原始叢林之中，這一片從來只認可人的身體的神聖領地。

在電子競技中，人因機器化、數據化而得到的反饋，其觀賞性、代入感、刺激性遠遠大於人的現實體育活動，為體育打開了多樣性的通道，這也是眾多研究者關注的人工智能落在體育身上的迴響。

在前面做了三種方向的猜想，無外乎左中右。但是真正的方向只有兩個，岔路口尚未出現，在某個時間點上一定會作出選擇。這種選擇，也許都不是人類的主動選擇。

前文說到，人的機器化帶來了大大超出實際經驗邊界的新型體育體驗。這種體驗是正向的還是反向的？人們更願意接受它、順從它，還是僅僅淺嘗輒止進而回頭是岸？電子競技數據化、非人化的對抗模式會星火燎原，還是會重返強調人性的體育本源？

如果從融入的角度看（這是相對保守的方向），電子競技會融入現有的體育運動架構之中，成為體育大家庭中的新成員，它比別的項目年輕，面貌也完全有別於那些跑、跳、投、擲，但是它的受眾人群龐大，它默默地（同時也是強大地）耕耘著自己的地盤，和傳統的體育項目並行不悖。

如果從帶走的角度看（這是相對激進的方向），電子競技將自身最突出的虛擬和虛構、數據和網絡、屏幕內和屏幕外 "雙重" 賽事等特點注射到體育這具古老而龐大的身軀之中，進而產生複合反應，更多的運動開始借鑒、吸收甚至複製電子競技模式，轉變為新一代 "電子體育"。如此激進的想法，聽上去是不是像天方夜譚？但似乎又近在眼前。

這一切的出發點，都是體育受眾接收和參與體育賽事習慣的變化，更年輕的一代希望自己能夠更加主動介入賽事，希望體育和娛樂、身體和精神、線上和線下的邊界不要那麼清晰，希望所有的一切都可以在眼前的屏幕中解決，也希望虛擬和虛構的體驗能夠給數據包裹中的人性多一些復甦的刺激（儘管這種刺激只會增加更嚴重的包裹感）。

這樣看來，保守不代表悲觀，激進也不代表樂觀。也許是相反。

中短期來看，電子競技尚不會顛覆具備千百年深厚傳統的體育運動經典模式，畢竟身體的對抗是人性深處永恆不變的衝動。但是從長遠來看，一旦人的需求和機器的功能達成超出人性的高度一致（也就是當下眾多未來學家預測的人工智能種種趨勢），電子競技對體育運動從根本上實現顛覆的可能性，也將隨著人類社會的裂變而提升。

無法迴避的再造

　　就在本書接近完稿之時，2018 世界人工智能大會在上海舉行，與人工智能有關的頂級人士聚集在一起，討論人類與技術的未來之路。在大會上，美國斯坦福大學人工智能、機器人與未來教育中心主任蔣里，援引一項牛津大學的調查稱，在未來 10 年至 20 年，具有人工智能的機器人會取代人類的大部分工作，這個比例在美國預計是 47%，而在中國可能達到 77%。

　　將這個預測嫁接到電子競技領域來看，可以看到一個明顯的趨勢：人的閒暇時間增加和不用從事生產的人數增加，閒暇時間和非生產性的活動，正是電子競技的題中之意。在技術的推動下，人從各種勞動中解脫出來，然而並沒有直接的替代行為去填補勞動時間被擠出之後的空白。

　　舉個簡單例子，目前在國內各大城市成為普遍現象的餐飲外賣，將人們烹飪食物或者外出就餐的時間節省出來，冗餘時間則留給了人的非生存性活動，也就是社會性更強的工作、娛樂，或者僅僅是休息。一旦出現多餘的時間，人的需求就會多樣化，尋求更豐富的消耗時間方式。作為天然的消遣行為，遊戲自然能夠扎入這片豐厚的時間土壤。

對電子競技的討論，最終回歸到人的本身。這符合體育的要義：人的身體的運動。當人們的時間逐漸遠離生產行為，靠近消遣行為，體育的需求會由此放大。正如人們常說，體育是“有錢有閒”的活動。這只是一種簡單的表達，個中潛藏著影響體育更深層次的經濟和社會因素。

作為互聯網化的體育運動，電子競技在人工智能時代更加順風順水。人類不斷通過技術改造自身和周遭空間，產生了諸多時間空白區域，電子遊戲和電子競技就是這些空白區域的覬覦者。從正面來看，這是人類自我解放、自我提升的路徑；從反面來看，人的自然性、生物性和社會性被技術消解。

此外，人工智能不僅僅為人們節省時間，還會極大程度滲入人的生活，當然包括了人的遊戲。2018 年 6 月 29 日，非營利組織 OpenAI 開發的一組人工智能機器人對戰人類隊伍，取得了《刀塔》賽事勝利。要知道，這些機器人每天的訓練量可以抵得上人類的 180 年。換言之，人們耗盡氣力在這一塊塊屏幕上爭奪數字映射而成的勝利，瞬間就可以由機器摘走，意義何在？看法一定會因人而異。

人之所以為人，是各種情緒、經驗、心理活動高度發達的生物體。人的複雜性，是人之為人的物質基礎，同樣也是哲學基礎。體育是人類特有的活動，電子競技概莫能外。這類特有的活動被複雜力量裹挾向前，共同實現人的再造。未來存在多種可能。這個過程也是人類在遊戲場域中反思自我的機會所在。關鍵問題在於，你我能否意識到並且去實現這種反思。

　　聯結和享樂，兩個基本點形成了貫穿電子競技的中軸線。一邊是火焰，一邊是冰川。這條線是所有新故事的起點，是人在智能時代的立錐之地，也是後現代體育帶給後人類的終極價值。

　　電子競技是遊戲。

　　電子競技正在被討論是不是體育。

　　更重要的——

　　“體育”也不外乎是“遊戲”。

責任編輯　　陳思思　李斌
設　　計　　任媛媛

書　　名 ········· 電競簡史——從遊戲到體育
著　　者 ········· 戴焱淼
出　　版 ········· 三聯書店（香港）有限公司
　　　　　　　　香港北角英皇道 499 號北角工業大廈 20 樓
　　　　　　　　Joint Publishing (H.K.) Co., Ltd.
　　　　　　　　20/F., North Point Industrial Building,
　　　　　　　　499 King's Road, North Point, Hong Kong
香港發行 ········· 香港聯合書刊物流有限公司
　　　　　　　　香港新界大埔汀麗路 36 號 3 字樓
印　　刷 ········· 美雅印刷製本有限公司
　　　　　　　　香港九龍觀塘榮業街 6 號 4 樓 A 室
版　　次 ········· 2019 年 7 月香港第一版第一次印刷
規　　格 ········· 特 16 開（148 × 210 mm）348 面
國際書號 ········· ISBN 978-962-04-4519-4

© 2019 Joint Publishing (H.K.) Co., Ltd.
Published & Printed in Hong Kong